青少年网络素养读本·第2辑 罗以澄 主编

网络语言与交往理性

WANGLUO YUYAN YU JIAOWANG LIXING

姚劲松 李维 著

宁波出版社
NINGBO PUBLISHING HOUSE

总　序

　　互联网技术的快速发展和广泛运用为我们搭建了一个丰富多彩的网络世界,并深刻改变了现实社会。当今,网络媒介如空气一般存在于我们周围,不仅影响和左右着人们的思维方式与社会习性,还影响和左右着人际关系的建构与维护。作为一出生就与网络媒介有着亲密接触的一代,青少年自然是网络化生活的主体。中国互联网络信息中心发布的第47次《中国互联网络发展状况统计报告》显示,我国网民以10—39岁的群体为主,他们占整体网民的51.8%,其中,10—19岁占13.5%,20—29岁占17.8%,30—39岁占20.5%。可以说,青少年是网络媒介最主要的使用者和消费者,也是最易受网络媒介影响的群体。

　　人类社会的发展离不开一代又一代新技术的创造,而人类又时常为这些新技术及其衍生物所改变。如果不能正确对待和科学使用这些新技术及其衍生物,势必受其负面影响,产生不良后果。尤其是青少年,受年龄、阅历和认知能力、判断能力等方面局限,若得不到有效的指导和引导,容易在新技术及其衍生物面前迷失自我,迷失前行的方向。君不见,在传播技术加速迭代的趋势下,海量信息的传播环境中,一些青少年识别不了信息传播中的真与假、美与丑、善与恶,以致是非观念模糊、道德意识下降,甚至抵御不住淫秽、色情、暴力内容的诱惑。君不见,在充满魔幻色彩的网络世界里,一些青少年沉溺于虚拟空间而离群索居,以致心理素质脆弱、人际情感疏远、社会责任缺失;还有一些青少年患上了"网络成瘾症","低头族""鼠标手"成为其代名词。

2016年4月19日,习近平总书记在网络安全和信息化工作座谈会上指出:"网络空间是亿万民众共同的精神家园。网络空间天朗气清、生态良好,符合人民利益。网络空间乌烟瘴气、生态恶化,不符合人民利益……我们要本着对社会负责、对人民负责的态度,依法加强网络空间治理,加强网络内容建设,做强网上正面宣传,培育积极健康、向上向善的网络文化,用社会主义核心价值观和人类优秀文明成果滋养人心、滋养社会,做到正能量充沛、主旋律高昂,为广大网民特别是青少年营造一个风清气正的网络空间。"网络空间的"风清气正",一方面依赖政府和社会的共同努力,另一方面离不开广大网民特别是青少年的网络媒介素养的提升。"少年智则国智,少年强则国强。"青少年代表着国家的未来和民族的希望,其智识生活构成要素之一的网络媒介素养,不仅是当下各界人士普遍关注的一个显性话题,也是中国社会发展中急需探寻并破解的一个重大课题。

网络媒介素养既包括对媒介信息的理解能力、批判能力,又包括对网络媒介的正确认知与合理使用的能力。为此,我们组织编写了这套《青少年网络素养读本》,第二辑包含由五个不同主题构成的五本书,分别是《网络语言与交往理性》《人与智能化社会》《数字鸿沟与数字机遇》《以德治网与依法治网》《网络强国与国际竞争力》,旨在帮助青少年读者看清网络媒介的不同面相,从而正确理解和使用网络媒介及其信息。为适合青少年读者的阅读习惯,每本书的篇幅为15万字左右,解读了大量案例,以使阅读与思考变得生动、有趣。

这套丛书是集体才智的结晶。作者分别来自武汉大学、中央财经大学、中南财经政法大学、湖南财政经济学院、怀化学院等高等院校,六位主笔都是具有博士学位的专家学者,有着多年的教学与科研经验;其中几位还曾是媒介的领军人物,有着丰富的媒介工作经验。写作过程中,他们秉持知识性、趣味性、启发性、开放性的原则,不仅带领各自的学生反复谋划、研讨话题,一道收集资料、撰写文本,还多次深入社会实践,倾听青少年的呼声与诉求,调动青少年一起来分析自己接触与使用网络的行为,一起来寻找网络化生存的限度与边界。因此,从这个层面上说,这套丛书也是他们与青少年共同完成的。

作为这套丛书的主编之一,我向辛勤付出的各位主笔及参与者致以敬意。同时,也向中共宁波市委宣传部、中共宁波市委网信办和宁波出版社的领导,向这套丛书的责任编辑表达由衷的感谢。正是由于他们的鼎力支持与悉心指导、帮助,这套丛书才得以迅速地与诸位见面。青少年网络媒介素养教育任重而道远,我期待着,这套丛书能够给广大青少年以及关心青少年成长的人们带来有益的思考与启迪,让我们为提升青少年的网络媒介素养共同出谋划策,为青少年的健康成长共同营造良好氛围。

是为序。

罗以澄

2021 年 3 月于武汉大学珞珈山

目录

第一章

出生即流行：网络语言的洪荒之力

主题导航

① 到底什么是网络语言

② 网络语言为何能「一呼百应」？

③ 网络语言的神秘面纱

《笑傲江湖》里面说,只要有人的地方就有恩怨,有恩怨就会有江湖,人就是江湖。

互联网就像一个遍布全球的巨大蜘蛛网,把所有接入这个网络的人连接在一起。有互联网的地方就有人,有人的地方就有江湖。所以,有互联网的地方也就有了江湖。截至 2020 年 6 月,身处这个江湖的中国网民规模已达 9.4 亿,相当于全球网民的 1/5。

江湖人说江湖话。从互联网诞生起,各种网络流行语、热梗、表情包等便在互联网江湖频频出现、快速迭代,一旦出现就霸占朋友圈、横扫话题榜、刷屏跟帖区,成为江湖中人确认身份、表达认同的"通关密语",成为他们实现"关系破冰"、拉近交往距离的"不二神器"……有的还从网上走到网下,登入主流语言的"大雅之堂",甚至进入了权威词典。那么,网络语言为何具有这样"一呼百应"的能耐?

接下来,让我们走进网络语言,揭开她的神秘面纱。

第一节　到底什么是网络语言

你知道吗？

　　"硬核"

　　"上头"

　　"柠檬精"

　　"我太南了"

　　"喜大普奔"

　　"好稀饭你哦"

　　"雨你无瓜"

　　"是个狼人"

　　"真是热 skr 人了"

　　"咱也不知道,咱也不敢问"

　　"淡黄的长裙,蓬松的头发"

　　以上就是我们常见的网络语言,如果你知道以上语句的意思,并且经常使用,那么"恭喜你"——你已经是一名合格的网络语言使用与传播者了。

　　网络流行语在一定程度上是时代表情的晴雨表,是纷繁世相的聚光灯，是社会文化的多棱镜。面对学业、事业及生活的压力，中国网民喜欢用轻松、幽默、自嘲、调侃、吐槽的方式表达内心情绪，以此达到缓解压力、释放紧张情绪、寻找身份认同等效果。

（综合自李雪钦：《年度网络热词见证生活百态》，载于《人民日报海外版》2019 年 12 月 27 日第 8 版）

2009 年 7 月 16 日，网友在百度贴吧——"魔兽世界吧"发表了一个名为"贾君鹏，你妈妈喊你回家吃饭"的帖子，随后短短五个多小时便被 39 万余网友浏览，引来超过 1.7 万条回复，被网友称为"网络奇迹"。"贾君鹏，你妈妈喊你回家吃饭"也迅速成为网络流行语。"贾君鹏事件"可以理解为一次互联网行为艺术，一次贴吧文化狂欢。

网民为何具备如此强大的造词能力？一句看似平常的交流用语为何能够在互联网上被高频使用且广泛传播？网民到底在网络语言的产生与传播中扮演着怎样的角色？

一方面，互联网提供了一个聚焦某个日常交流用语的可能性。这种可能性使得任何一个普通人在使用互联网进行社交的时候，都有可能成为网络语言的缔造者。这种可能性缘于网民上网大多带有猎奇心理，抓取到有意思或者特殊的语言元素后就开始不自觉地广泛传播并且高频使用。例如，南宁小伙子因为女友和他分手了，录制了自己表达情绪的视频，随后上传到互联网。

贾君鹏，你妈妈喊你回家吃饭

由于小伙子普通话不标准,把"难受想哭"说成了"蓝瘦香菇",被网民抓取传播后风行于互联网。南宁的小伙子自己也是万万没想到,用方言表达自我情绪的句子却阴差阳错地成为互联网高频使用的网络用语。

另一方面,网民之所以热衷于传播和创造"新词",除了被其时髦感所迷惑,还在于害怕因不了解网络用语而被孤立的心理,担心被互联网"朋辈"遗弃,成为别人口中的"out man"。在与朋友的交流中,我们经常会担心因为听不懂、讲不出朋友们说的时髦语句而尴尬,甚至被视为不合群、被贴上老土的标签。设想一个这样的场景,倘若大家都知道某一网络用语,而你却不知道是什么意思,那么你很难和他们聊到一块去、很难融入他们的圈子,甚至因此被他们视为老土。正是这样的心理,驱使人们第一时间去了解最新的网络用语并且努力在社交中使用它,以此跟上朋友们聊天的节奏,持续融入朋友们的聊天话题中。

中老年人现在越来越觉得很难和年轻人聊到一块儿,二者对网络语言的使用差异是一个重要的原因。中老年人接收网络信息的频次远远低于年轻人,网络语言的使用率自然偏低,在与年轻人交流的过程中,对"喜大普奔""累觉不爱""不明觉厉""十动然拒""太监了""真香""柠檬精""奥利给"等网络语言的意思根本无法理解,甚至是丈二和尚摸不着头脑,很难知道年轻人要表达的具体意思。用传播学的术语说,就是中老年人与年轻人在网络语言的交流方面缺乏"共通的意义空间"。

一、汉字符号：网民强大的造词能力

汉字无疑是我们在网络沟通交流中使用最频繁的语言符号。很多网络语言也从汉字演变、转化而来。根据我们的整理，汉字符号转化为网络语言的方式主要有以下几种：

第一，词语意义的外延，例如：小姐、表哥、大叔，等等，这些词语在网络传播过程中被网民赋予新的含义，不再拘泥于以前的内涵和意义。比如"表哥"本来是称呼姑姑、舅舅家比自己年长的儿子，经过"微笑局长杨达才"事件之后，"表哥"这一称谓在互联网中有了新的外延，是对平日戴有多块进口名贵手表的权贵的戏称。

第二，重新搭配组合的词语，例如：宅男、公主病、杠精，等等，这些词语本来是不存在的，由网民在使用过程中重新组合而成。这些组合无规律可循，大部分是网民在互联网使用过程中的随兴表达。以"公主病"为例，公主是个名词，"病"在此处也作名词用，两个名词叠加组合成一个新词，解释为一些自信心过盛，要求获得公主般待遇的女性。

第三，谐音词语，"蓝瘦香菇""酱紫""表酱紫""雨女无瓜"便属于此类。谐音作为一种语言现象，是一种利用词语的同音或近音条件来表情达意的手法，往往能达到风趣、幽默、含蓄、委婉等表达效果。这一类网络语言大多是表达者无意但网民觉得有趣并有意传播而形成的，是对不标准普通话或失误表达的一种戏谑式解读或娱乐化狂欢，也有网民为了"造词"采用谐音手法有意而为之。由汉字、方言、数字及外国语而形成的谐音，皆可能成为网络语言，汉字谐音如"泥垢了"实际表意"你够了"，数字谐音如"201314"代表"爱你一生一世"。方言谐音如"然鹅"表示"然而"的意思，一般用在语气转折的时候，是由南方人的方言习惯转化而来。外国语谐音如"三克油"由英文"thank you"的读音转化而来，"3166"是日语"再见"的意思，韩语中女生称呼略年长男性为"欧巴"，目前在中国的网络社交中普遍适用于对喜欢男性的亲密称呼。谐音词语在互联网的快速传播，背后体现的是网民从众、求新或猎奇的心理，有时也是一种带有宣泄性的娱乐方式。

第四，影视剧中的金句，例如"元芳，你怎么看""贱人就是矫情"等。这一类型区别于之前的词语，以一个完整句子的形式存在，它们能成为网络语言主要在于满足了网友的某种情感、契合了网友的某种心理、激发了网友的某种共鸣，或者说是帮助网友表达了某种自己不方便或者不能表达的观点。韩建岗对"元芳，你怎么看"能够成为网络流行语的原因进行了分析："这一口头禅成了网友发表意见、讨论问题、发泄情感的万能句式。这其中，有些人仅仅是发发牢骚而已，或是对一些事情表示不满、无奈而已罢了，但几乎所有人对这句话表示了认可。原因不仅仅在于所处生活的环境，更在于社会心理压力迫使人们寻求一种可以发泄情感、表达意愿的方式。这个万能句式正好为

资料链接

友谊的小船到底是条什么船?

"友谊的小船说翻就翻"是前几年社交网络上比较流行的网络语。"友谊的小船说翻就翻"其实就是朋友之间委婉地说出:"哼,我不想跟你玩了。"寓意友谊经不起考验,说变就变。友谊小船最早的说法来自英文友谊一词"friendship"——friend(朋友)的 ship(船),而说翻就翻的说法来自曾经流行的一张恶搞图的配文——"让我们荡起双桨,小船儿说翻就翻。"friendship 读起来就像"翻的 ship"。真正火起来是因为韩剧《太阳的后裔》,从其中调侃剧情的段子"说分就分,耿直无双"衍生出"友谊的小船说翻就翻"等一系列内容。随后又有漫画作者根据这句网络语绘画了一组风趣幽默的漫画,将"友谊的小船说翻就翻"这句话炒火了。

2017 年 7 月 18 日,教育部、国家语委在北京发布《中国语言生活状况报告(2017)》,"友谊的小船说翻就翻"入选 2016 年度十大网络用语。

(综合自《友谊的小船说翻就翻什么意思什么梗?》,载于 191FUN 排行网)

此提供了最佳平台。"[1]

---

[1] 韩建岗.社会语言学视域中的网络流行语——以"元芳体"为例[A].全球修辞学会等.媒介秩序与媒介文明研讨会暨第二届新闻传播伦理与法制学术研讨会论文集[C].全球修辞学会,2015:4.

汉语自身的语义魅力、网民求新求奇的动机、互联网快速而广泛的传播,使部分汉字或突破自身意义,或重新搭配组合,或通过谐音表达,或转换应用场景,从而转变成了流行的网络语言。在这其中,网民作为同时使用互联网与汉字的主体,所发挥的作用自然是不可替代的。

二、字母符号:中英文缩写风靡网络

方便快捷是互联网极为重要的特征。正是因为网民对互联网信息输入有方便快捷的需求,字母符号才应运而生。无论是使用手机字母键还是电脑键盘,也无论采用的是什么输入法,字母都是网友上网冲浪输入信息离不开的基本元素。在信息输入的过程中,网友为了追求方便快捷,会采取一系列可能的手段进行精简表达,中英文缩写的字母符号就在这一过程中自然而然地产生了。

第一,汉语拼音首字母的缩写。这一类符号脱胎于常用汉语,结合特定的使用语境很容易理解或猜测其表达的意思,在2005—2010年这段时期使用率较高。比如,在 QQ 聊天中经常使用的 MM(美眉)、在贴吧回帖或顶帖中使用的 LZ(楼主)、在互联网社交中骂人的词 BT(变态)等。此外,还有大家非常熟悉的 AWSL—— 啊我死了,据 B 站统计,这个拼音缩写位居 2019 年1411973966 条弹幕的榜首。这类网络语言很容易被大家弄懂,传播速度也比较快,但是这几年的使用率在逐渐下降。相关数据

"打 call"打的到底是什么?

常用于"为 ×× 打 call"这样的句式,意思是为 ×× 加油、呐喊。该词并不是指打电话,而是一种应援文化,即台下的粉丝在演唱会上跟随音乐的节奏,按一定的规律,用呼喊、挥动荧光棒等方式,与台上的表演者自发互动。随着某选秀节目的播出,打 call 一词大火,一般用来表示对某个人、某件事的赞同和支持。

2017 年 12 月 18 日,"打 call"入选国家语言资源监测与研究中心发布的"2017 年度十大网络用语"。

(综合自《2017 十大网络用语发布:"打 call""油腻"等上榜》,载于中国新闻网)

显示,受教育水平越高的网民群体对于汉语拼音首字母的使用率越低,原因是受教育水平较高的网民对于虚拟社交的要求也比较高,那些被青少年大量使用的汉语拼音首字母被看成是初高中阶段的交流方式,不太适合在他们现在的社交圈使用。

第二,英文单词的意义延伸。"为你打 call"的意思大家应该都知道,但是它究竟从何而来呢?

网民在使用"为你打 call"的过程中,已经直接将其意义延伸为"为你加油"了。与之相似的,还有"你 out 了""go die""diss""no

为你打 call！

为你打 call

zuo no die""自带 BGM"等，这些都是使用其延伸意义的网络流行语。英文单词为何能转化为网络流行语呢？网民学历层次的普遍提高以及整个教育系统对英语的重视无疑是这种现象发生的重要原因。还有一种看法是，因为互联网突破了空间的限制，一部分网民开始与国际接轨，在网络社交过程中结识了一部分国外朋友，在中英文不断转换的社交中自然形成了一种中英文拼凑式的表达方式。这种方式比较新颖而且有趣，所以在网络社交中迅速传播开来。

第三，单个字母的丰富内涵。这类字母符号的意义相对比较简单，容易理解，比如，T 他出去（踢他出去）、R（啊！表惊讶）、K（咳嗽声）等。最近几年，单个字母符号的使用不断减少，在网络社交中呈现出逐渐淡去的趋势。

三、数字符号：谐音背后的强大想象力

在日常生活中与朋友 QQ、微信聊天时，经常会有替代文字表达意思的阿拉伯数字出现，即便社交双方没有规定数字的意义，但在交往过程中仍然可以实现无障碍沟通，这就是数字网络语言的魅力所在。以下是对数字符号意思的水平测试，看看你能到达什么样的层级？

初入江湖：520——（　　　　　）

小有名气：1314——（　　　　　）

名动一方：57386——（　　　　　）

天下闻名：70345——（　　　　　）

一代宗师：73748096——（　　　　　）

揭晓答案的时刻到了，不要偷偷看答案哦！

初入江湖：520—— 我爱你

小有名气：1314—— 一生一世

名动一方：57386—— 我去上班了

天下闻名：70345—— 请你相信我

一代宗师：73748096—— 今生今世伴你左右

　　早期数字符号的数字与所指代汉字的谐音相似度比较高，容易被人理解。然而，随着网民在使用过程中加入更多相似谐音之外的想象，导致注入个人想象色彩的数字符号识别起来比较困难。如果双方对这样的数字符号没有共同的理解、没有接触的经历，它们表达的含义几乎是不能被理解的。比如说，别人给你发送一组"0837"的数字符号，你能在没有任何语境的情况下明白是什么意思吗？所以，在用数字表达含义的网络交往中，双方一定要有"共通的意义空间"，对符号要有共同的理解，而且还要根据当时的语境进行合理想象，不然我们根本不会知道"0837"就是"你别生气"的意思。

在网络社交中,我们需要合理使用这种加入更多想象力的数字符号。一方面,数字符号本身具有一定的趣味性,能使传播者和受传者在发送和接收的过程中有期待、有思考,让互联网社交变得更有意思。另一方面,想象力过于丰富的传播者,也就是我们所说的发出这一串数字的那个人,也很有可能成为"话题终结者",对方因为无法理解数字符号的意义而终止聊天。在社会交往过程中,我们最怕成为那个"一开口就结束了整个聊天"的人。所以,在网络社交中使用数字符号之前,一定要想想对方有没有相似的语言输出习惯,能不能无障碍地把你要传播的意思从数字符号中准确地"卸载"下来。

四、图片符号:静图和动图的表意延伸

"没有什么事情是一张图片说不清的,如果有的话那就两张图片。"曾经有人如此调侃图片在网络社交中的作用。的确如此,图片因其形象、生动、富有感染力而广泛地被网民使用,在特定的语境下能达到语言文字传播难以达到的效果。随着 4G 的普及、5G 的兴起,图片的传送速度也越来越快,图片符号也越来越丰富,在网络语言大家族中扮演着极为重要的角色。

从文字到语音再到图片表意,网民在网络社交中使用的网络符号越来越丰富。当下,一张张鲜活生动的图片在微信、微博以及其他社交媒体出现的频次越来越多,甚至拥有多少别具一格的图

片、表情包等已成为某种"身份"或"财富"的象征（如"斗图"行为）。图片符号之所以在网络社交中得以广泛运用，一方面是因为三大运营商的提速降费，流量够用了，大家从文字的表达中解放出来，语音、图片以及视频等方式成为一部分网民的主要表达方式。另一方面，形象的图片能以便捷的方式表达出言外之意、弦外之音，不方便直接说的话可以借助图片进行或含蓄或直接的表达，这使其在各个特殊的网络社交场景中扮演着不可或缺的角色，可用来解决尴尬、结束议题、表达极端或特殊的情绪，还可以用它来间接表达敷衍了事等意思。当你身处这些场景没办法或不能用文字直接表达的时候，图片是此时最好的表意符号，是你不二的选择。同时，图片也日渐成为网民表达自己观点和态度的有力武器。2016年1月20日晚，帝吧出征FB（facebook）打击"台独"成为一件网络热事，微博、微信、朋友圈，各种关心时政的群里都有网友讨论这件事。曾经多次引发"圣战"的帝吧这次出征FB，在部分公共账号的留言区写下了大量反"台独"的图文评论，强烈表达了中国大陆网友的态度。在这个过程中，网络图片的广泛使用成为显著特点。

网民对图片的使用早已不满足于静态图片的表意功能，开始大量生产并广泛传播动态图片。动态图片能够展现过程，甚至可以直接呈现结果，让网民在发出和接收信息时有更强的指向性，而且大量动图都紧跟时下流行话题，或者干脆将热门影视剧中的片段制作成动图进行传播，使其拥有与生俱来的"被高频使用"的可能性。较之于静态图片，动图拥有相对丰富的情节和信息，更具情节性、戏剧性和娱乐性，更富感染力和幽默感，能产生更好的传播效果。相较于视频而言，动图在加载过程中大大降低了对网速和时间的要求，传播的经济成本和精力成本更低，拥有更强的传播力。

　　不管是动图还是静态图，图片的选择与使用都会受到网民所属群体的影响，在同一群体中的网民往往会使用风格大体一致的图片，以此与所属群体的规范和取向保持一致，更好地融入群体之中。比如，我们和自己的同学在网络上进行交流时，基本上不会使用父辈们在家人群里发的那些图片，因为那些图片会让我们难以有效融入我们所属的群体中。

第二节　网络语言为何能"一呼百应"？

 你知道吗？

　　一个普通网民，每天会接触到多少信息？

　　刷微信、刷微博，如果每一条资讯是一百个字，如果你每天能够读一百条，这并不算多，这意味着你一个月的时间可以积累三十万字的阅读量。这是什么概念?各位,老子的《道德经》五千个字,卡夫卡的《变形记》三万个字,那些最晦涩的,比如像黑格尔的《小逻辑》三十万字……

你拼命阅读,拼命让自己的肢体展开,去接受各样的资讯,但最后一想,竟然什么都没留下。我们在这种碎片的时代中获得信息,它影响的绝不仅仅只是资讯的营养,而是你内心的那种定力。

(选自《我是演说家》第3季第15期复旦大学熊浩的演讲,2016年10月14日播出)

一、简单:信息碎片传播的要求

(一)信息碎片化传播

到底什么是信息碎片化传播呢?

给大家打个比方,小时候,我们刚刚开始学会吃饭的时候,父母总是会把平日里吃的东西用餐厨工具切割成小份,然后再喂给我们吃,这样我们吃起来就方便很多。互联网信息的消费就是如此,只不过食物变成了信息而已。以前我们大多从书本获取信息,现在获取信息的方式越来越多地转向微博、微信、今日头条、新闻客户端等应用软件。这些应用软件为了满足我们在等车、乘车、购物排队等碎片时间里通过移动互联网获取信息的需求,选择将大量的信息进行分解传输,或者将复杂的信息进行精简化处理。

互 动

作为中学生，课间有十分钟的休息时间，如果没有任何其他的外在干扰，让你在玩手机和看电视之间进行选择，你会选什么？

我想，大部分同学会选择玩手机吧。

因为手机不仅可以自由搜索、自主选择、随意拖拽进度条，还可以玩游戏、刷抖音，最重要的是手机中的大部分内容都是碎片化呈现的，在同样的时间里我们可以接触更加多样、更加丰富的信息。看电视就完全不一样了，小时候追过剧的小伙伴都知道，一般到了晚上七点三十分就出现了"小板凳排排坐"的阵势。小伙伴们都在等那部喜欢的电视剧，并且我们只能安排在周五和周六看这样的电视剧，因为只有那个时候我们才被允许看一集或者两集四十几分钟的电视剧。对于课间休息的十分钟，我们选择玩手机，主要也是因为手机解放了我们使用传媒产品的时空束缚。"随时随地"四个字很好地概括了这一点，我们不需要在特定的时间和地点去看剧了，公交车上、厕所里、排队买饭时、课间休息等这些零碎的时间都可以通过手机来完成一次阅读或观看影视剧的行为。

当我们在信息面前拥有选择权的时候，我们很可能会下意识地去选择我们愿意并且方便接收的信息。这就给碎片化信息的产生和传播提供了机会，而经过碎片化处理的简单信息很容易让人上瘾，一旦习惯了某种简单的信息传播和接收方式之后，就很难再去适应之前复杂的传播内容和方式了。套用古人所说的"由俭入奢易,由奢入俭难",就是"由繁入简易,由简入繁难"。互联网上有人调侃高三是人生知识积累的最巅峰时期——"这时你上知天体运行原理,下知有机无机反应,前有椭圆双曲线,后有杂交生物圈,外可说英语,内可修古文,求得了数列,说得了马哲,溯源中华上下五千年,延推赤州陆海百千万,既知音乐美术计算机,兼修武术民俗老虎钳,现在呢,除了玩手机,废人一个"。这话在调侃的背后也确实反映了手机对我们的影响。我们能感受到,在高中及之前的学习阶段,因为没有手机的大量干扰,大部分同学能够沉下心来,心无旁骛地学习,系统地掌握了各门学科的知识。到了大学或者进入社会后,手机接入的互联网成为人们获取信息的主要来源,也成为我们短时间休闲娱乐的重要工具。我们在潜移默化中养成了碎片化接受信息、使用手机的习惯。如果没有很强的自我控制能力,一鼓作气看完一本书变得越来越困难。

(二)被碎片化之后的信息

互动

你身边的朋友会使用以下哪种表达方式呢?

情境一:在河边散步看到一位长得非常漂亮的女孩。

A.北方有佳人,绝世而独立。

B.哇,那个"女孩纸"好漂亮。

情境二:准备向喜欢的女生表白。

A. 山有木兮木有枝,心悦君兮君不知。

B. 好稀饭啊,我要给你生猴子。

情境三:恋爱时失去心爱的人。

A. 人生若只如初见,何事秋风悲画扇。

B. 蓝瘦,香菇!

如果你身边的朋友大部分都选择 A,恭喜你! 你所处的朋友圈暂时还没被简单易懂的网络语言所吞噬。

如果你身边的朋友大部分都选择 B,同样也恭喜你! 说明你和你的朋友已经适应了互联网信息碎片化的传播环境,并且深度融入其中。

"被碎片化"不仅仅指信息被切割,还包含信息简化等其他形式的碎片化处理手段,比如把复杂的文言文变为接地气的语言表达。在上述情境中,互联网时代成长起来的小伙伴们可能更愿意用 B 选项的表达方式。仅仅从信息传播效率的角度看,A 选项的信息尽管语言优美但很难让人在短时间内理解接受,况且一部分网民可能都没办法理解这一选项中诗词的具体含义;B 选项的信息在接受过程中基本没有什么门槛,不需要花太多的时间和精力去揣摩这句话到底是什么意思,所以更容易成为网络语言的"优胜者"。当然,从弘扬和传承中华优秀传统文化的角度判定,A 选项则又具有 B 选项所无法比拟的优势。

我们在使用社交软件进行交流的时候,大部分时间都是处于轻松的状态,不希望在与对方的对话中感受到认知障碍。如果对方时不时地冒出一句你听都没有听过的古诗词或者一句包含很多不认识单词的英语句子,这样的交流是很容易中断的。所以,大部分情况下对网络语言只有一个要求:简单简单再简单。此外,网络社交中还有一种比较特殊且高频出现的场景 —— 一个在与你微信聊天的人,很有可能同时与多个朋友在线聊天,甚至在聊天的同时还在逛淘宝、看视频、刷新闻、看段子 …… 这就要求互联网社交尽量简单,这也是网络社交偏爱短句的原因,长句需要我们断句、分析句子成分、再去理解它的意思,而短句则不需要进行这样的处理。这就决定了选择碎片化的短句、符号是网络社交中的一种常态。当然,可能有小伙伴认为,这样信息碎片化的网络社交没有质量、没有深度,可能在网络社交中也有这样的体验,有时候与朋友聊了一两个小时,到头来发现什么结果也没有达成。事实上,网络社交在很多时候并不是以结果为导向,而是以社交本身的“交往”为导向,只要网民在聊天并且能够进行下去,网络社交便是有价值的。

(三)碎片化信息背后的利弊

碎片化信息方便快捷,能让我们快速捕捉信息的内容,从某种意义上来说我们的信息阅读效率更高了。此外,就互动而言,简单的信息让彼此的互动门槛降低,“你一言我一语”成为网络社交的常态，使互联网中的每一个人都能成为信息的补充者和完善者。

　　当然，我们在享受碎片化信息和碎片化传播带来便利的同时，也要承担这种信息呈现与传播方式给认知复杂信息可能带来的某些阻碍。首先，碎片化信息具有易接受性，常使人停留在并习惯于浅层阅读的状态，渐渐疏远了甚至不再习惯于深度阅读，这就使网民对碎片化的信息缺乏深刻的理解和记忆，这些信息也在网民应接不暇的快速阅读中成为过眼云烟。其次，碎片化信息降低了网络信息生产的门槛，网络信息的生产与传播不再是记者、编辑等专业人员的"专利"，人人都可以随时随地发布信息、自主地进行信息生产，使网络信息零散而不成体系、信息审核工作也变得困难重重，不但带来了浩瀚如海的过载信息，也使得一些杂乱无章、低级趣味、虚假信息混杂其中。再次，长年累月地接触碎片化信息可能会对我们的专注力和思考能力带来不可逆的伤害。每天都刷微博、刷朋友圈、刷短视频的小伙伴可能会有这样的体会：越来越难集中注意力认真听完一堂课、看完一本书、静下心来与朋友促膝长谈……所以，对青少年而言，一定要认识到信息碎片化传播、碎片化信息接受习惯所带来的负面影响，在学习阶段尽量抵住手机阅读的诱惑、少接触碎片化信息，尽早养成深度阅读的习惯。

二、娱乐:大众全民狂欢的表象

"我们将毁于我们所热爱的东西!"世界著名媒体文化研究者和批评家尼尔·波兹曼的这句话振聋发聩!

今天,我们已经处在尼尔·波兹曼所描述的世界里。在这个世界里,"一切公众话语都日渐以娱乐的方式出现,并成为一种文化精神。我们的政治、宗教、新闻、体育、教育和商业都心甘情愿地成为娱乐的附庸,毫无怨言,甚至无声无息,其结果是我们成了一个娱乐至死的物种。"[1]在这个互联网产品争相以娱乐形式出现的新媒体时代,我们慢慢地习惯了喜闻乐见、轻松愉悦,而开始拒绝沉重、逃离思考;我们已深深地爱上了让我们日渐丧失思考的各类互联网产品。

正是因为对娱乐和刺激的需求,这些有趣、流行、易于记忆的网络语言才可能成为网民争相使用的表达方式。在碎片化信息传播和接收习惯逐渐养成后,不少网民都开始有意无意地放弃了劳心费力的深度思考方式,对信息的诉求不在于知识的获取,而在于娱乐。简言之,就是"我开心就好"。在我们的身边经常会有这样的朋友,淘宝可以逛一上午、短视频可以刷一天、打游戏可以夜以继日、刷微信停片刻都会心慌慌……可以静下来问问自己,我们为何变得痴迷?共同的答案是,它们能以轻松的方式让我们

---

[1] [美]尼尔·波兹曼.娱乐至死[M].章艳译.桂林:广西师范大学出版社,2004:4.

开心、不需要费心耗神就能给我们带来满足感。

娱乐似乎已然成为这个时代的基本需求,每位网民都在压缩获得快感的时间。短时间的视觉和听觉刺激成为我们对互联网信息搜索的筛选条件,信息越少越好,视频越短越好,刺激点来得越快越好,娱乐性保持得越久越好 …… 网络语言更是娱乐化的重灾区,不管是 "神马都是浮云" 还是 "大吉大利,今晚吃鸡",其本质就是希望用这种极为简短的语句适应大家在网络时代拒绝思考、追求快乐的需求,其实大部分网络热词的出现也都是应这种需求而生。静下心来想想,为什么我们畏惧深度,因为我们害怕自己的无知;为什么喜欢简单的快乐,因为这能在一定程度上给我们的无知带来精神安慰。每一次网络热词出现的时候,我们都竭尽全力去使用,甚至耗尽心思让身边的人也知道自己知道,原因大概就在于此吧。

三、随意:网民个性表达的呈现

On the Internet, nobody knows you're a dog.(在互联网上,没有人知道你是一条狗。)

这句话来自美国著名杂志《纽约客》。网民是一个来自不同阶层、不同群体的人组成的集合体。网络的匿名性使我们无法知道对面那个 ID 到底是谁,当然我也可以让对方无法知道我是谁。这种匿名性给网民一个释放自我的空间,随意的个性表达也随之带入了互联网社交。同时,互联网给予每个网民最宽松的环境,在不违法的情况下,大家可以想看什么看什么,想说什么说什么。这种随意性在正常的社交中是很难获得的。

网络社交的随意性释放了网民个性化表达的活力,为产生别出心裁、与众不同、一呼百应的网络流行语提供了可能。举例来说,由于我们随意使用英文,促进产生了中英文交叉呈现的网络热词,如"no zuo no die";由于我们随意使用汉字与普通话,产生了很多热门的谐音词句,如"蓝瘦香菇""你怎么酱紫"等。可见,互联网社交的随意性在一定程度上催生了个性十足、丰富多样的网络语言,甚至正是因为这种随意性而产生了大量的网络流行语。

四、潮流:网民社群融入的期待

人作为一种社会动物,是很害怕孤独的,避免自己在社交中被孤立、被排斥,是人的一种社会天性。正是因为对孤独的恐惧,我们会不断地关注自己社交圈的朋友、同学所关注的话题,并通过与他们所关注的热点、话题保持一致来融入社交圈。如果我们发现自己根本不知道周围的朋友所关心的话题,我们与朋友在一起会因没有共同的话题而感到尴尬甚至焦虑。从某种程度上说,网络语言之所以能够成为潮流,与人害怕孤独、期待融入社会的社会属性密切相关。

在互联网时代,我们每天都会接收各种各样的信息。这些信息会根据点击量和重要性自动排序,甚至新浪、百度等众多门户还会呈现实时热点排名。网民热衷于追逐热点信息,因为及时追踪、掌握和分享热点信息是他们融入社交圈子的重要途径。想象一下,大家都在说"淡黄的长裙,蓬松的头发",而你连"青春有你"和"淡黄的长裙,蓬松的头发"都不知道是什么梗,你如何融入别人的圈子? 所以说,害怕孤独、融入社会的期待使得网络语言能够得到大量的关注和传播。刚刚开始时并没有多少关注度的某个"网络语言",一旦有作为"创新者"的某些社交达人开始使用之后,那些"早期采用者"便在朋友圈、微博或者其他社交媒体中广泛使用、转发和传播,继而带动"后期众多跟进者"和"迟缓者"使用,最终发展成为一个网络流行语。

第三节　网络语言的神秘面纱

 你知道吗？

　　"我宣你""你造吗"等在网络上使用频率颇高，它们到底是什么意思，为什么会流行起来呢？

　　"我宣你""你造吗"来自台湾偶像剧台词，是"我喜欢你""你知道吗"两个主谓宾结构简单句发生合音而成。剧中"喜欢"一词原本的发音出现了合音现象，被读为"宣"，而"知道"被读为"造"。电视剧的热播带动了这些读法的传播，于是就出现了"我宣你""你造吗"等"港台腔"的流行。后来，它们被大量运用于表情包中，受到了广大网友的追捧。

　　"我宣你""你造吗"属于语音流变中的合音现象，"宣""造"等字在这里并不是一个单纯词，而是在一定条件下由两个音节拼读成一个音节，在书面上合写成一个字。

　　（选自赵婕：《从"你造吗"看网络流行语合音》，载于《语言文字报》2019年5月22日第3版）

一、我的天！ "5201314"们的修辞解读

修辞是在使用语言的过程中,选择恰当的语言手段以提高表达效果的一种语言活动。前面提到过,网络语言除了汉字符号外,还加入了数字、字母,以及图片等符号,还有各种类型符号的组合。网民们用新奇独特的思维方式对符号进行组合排列或者进行随意表达的时候,可能并没有从修辞层面进行考量。其实,在看似随意、个性十足的网络语言背后,也能找到一些常用的修辞策略。

（一）比喻

比喻就是我们常说的打比方,是运用联想思维,抓住两种事物的相似之处,用通俗、具体、生动、形象的事物来描写或说明抽象、不易理解的事物。

第一类是明喻,是常用"像""如""好似"等词将具有某种共同特征的两种不同事物连接起来的一种修辞手法。比如"人生如戏,全靠演技",这里直接将"人生"比喻成"戏剧",其意义在不同的网络社交场景下有所不同,比如自己在某些场合格格不入,但又碍于面子不得不尽力"强融"时,它可以作为一种戏谑式的自我嘲讽;但对于身边某些装模作样的人来说,也可以变为一种"赤裸裸"的讽刺。

第二类是暗喻,常用比喻词有"是""似""变成"等,有时不用比喻词。比如"你是猪吗",本体是"你",喻体是"猪",这里很明显并不是说你和猪长得像,而是表达"像猪一样笨",多作为朋

人生如戏，全靠演技

友间的调侃语。出自《奔跑吧兄弟》，是由陈赫的口头禅演变而成的网络流行语。

第三类是借喻，是以喻体来代替本体，本体和喻词都不出现，直接把甲（本体）说成乙（喻体）。借喻由于只有喻体出现，所以能产生更加深厚、含蓄的表达效果，同时也使语言更加简洁。比如"老司机带带我"，本体和喻词都没有出现，直接把"老司机"比喻成行业老手，是在某个领域的规则、技术、玩法等方面经验老到的人。

（二）夸张

夸张，是为了达到某种表达效果的需要，对事物的形象、特征、作用、程度等方面有意夸大或缩小的修辞方法。网络语言常用的夸张手法有以下几种。

第一类是扩大夸张，故意把客观事物说得"大、多、高、强、深……"的夸张形式。比如"吓死宝宝了"，就是把被吓的程度做了扩大夸张的处理，如果当事人还在说话，他/她是不可能被吓死的，这里只是表示"真的很吓人"的意思。类似的还有形容非常疲惫的"感觉身体被掏空"等。

第二类是缩小夸张，故意把客观事物说得"小、少、低、弱、浅……"的夸张形式。比如将存在感较低或没有存在感的人称为"小透明"，实际上就是使用了缩小夸张，他/她的存在完全被别人忽视了，已经到了视若无睹的地步。

第三类是超前夸张，是把在时间上后出现的事物提前一步的夸张形式。例如"你别过来挡我信号"，这在现实生活中其实是不太可能出现的,用它来表达说话主体对客体不耐烦甚至厌恶的情绪。

（三）反复

反复是为了突出某个意思、强调某种感情,有意重复某个词语或句子。反复这一修辞手法虽然在网络语言中的使用频率并不高,却经常作为一种信息沟通的技巧在网络社交中频频使用。比如,我们经常会看到发布重要通知或布置工作任务或强调某一重要观点的网友,在群内、论坛等网络社交平台发布"重要的事情说三遍",然后将工作任务、通知、观点等反复发送三次。这是互联网社交时代信息快速更迭和注意力分散带来的一种无奈。因为信息流太大、更迭太快,大家都担心重要的信息不被他人接收,不得不采用这种方法去获取网民的注意力。

（四）对偶

对偶是用字数相等、结构相同、意义对称、平仄相对的一对短语或句子,表达两个相对应或相近的意思的修辞方式,具有语言凝练、句式整齐、音韵和谐、富有节奏感等特征。比如"天王盖地虎,小鸡炖蘑菇""世界那么大,我想去看看,钱包那么小,哪都去不了""有钱,任性! 没钱,认命!"对偶的修辞手法大多是网民对互联网上热门词句的一种戏谑式反馈。具体而言,就是网民对某些使用频率较高的网络语言进行二次创作,在创作和产生的过程中凝结着网民的集体智慧。

（五）反问

反问又称激问、反诘、诘问,用疑问形式表达确定的意思,只问不答,答案暗含在反问句中。比如"你心里没点数吗?""你四不四傻?"

(六)通感

通感又叫"移觉",就是在描述客观事物时用形象的语言使感觉转移,将人的听觉、视觉、嗅觉、味觉、触觉等不同感觉互相沟通、交错,将本来表示甲感觉的词语移用来表示乙感觉,使意象更为活泼、新奇的一种修辞手法。比如"我也是醉了",用喝醉酒的感觉表达对不可理喻的人、事、物无语、无奈的感受。

我们经常说"高手在民间",在网络语言的产生过程中,我们看到了运用修辞手法的"民间高手",他们充分发挥自己的想象力和创造力,运用修辞手法对语言进行新译、新造和新用,不断创造出新的网络语言。当然,网民在使用语言的过程中也有可能没有刻意去使用特定的修辞手法,却达到"无心插柳柳成荫"的效果。修辞手法的广泛运用使网络语言更加生动有趣、更富感染力和传播力,为促进网络语言的流行插上了一双有力的翅膀。

二、惊呆了! "吃饭饭"们的构词原理

(一)词根复合法构词

如以语素"网"与其他成分组合而成的一系列名词:网民、网址、网恋、网吧、网管、网咖、网费、网页、网友,等等。词根复合法构词常与仿拟的修辞手法结合运用。

（二）缩略构词

缩略是网络语言中较为常见的一种构词手段。这种构词法常用于对英语单词和词组的缩略，如 VG—very good，LML—let me look，BF—boyfriend，等等。网民在交流过程中为达到突出新意、凸显个性、制造新颖等目的，往往会混合运用数字、拼音字母和英语字母中的两种甚至三种缩略形式进行造词，常与谐音法结合运用。"拼音字母 + 数字谐音"的缩略构词法，如用"44k8"表达"试试看吧"的意思；"数字谐音 + 英语字母谐音"，如用"3X"表达"thanks"；"英语字母 + 数字谐音"，如用"O2O"表达"Online to Offline"等。当然，纯粹的汉语拼音缩略也是缩略构词的一种重要形式，即提取汉语拼音的第一个字母来造词，一般为声母，这在之前已有介绍，不再赘述。

（三）重叠构词

年轻网友们追求新颖、故作天真的心理，使他们倾向于使用儿童化语言来表情达意，如将"东西"说成"东东"、"吃饭"说成"吃饭饭"、"小猪"说成"小猪猪"、"漂亮"说成"漂漂"、"试一下"说成"试一下下"等。有人对这种现象持批评态度，认为它们使网络语言出现幼稚化倾向。换个角度看，这类网络语言的流行也在一定程度上隐含了网友"不想长大""希望永远年轻一枝花"的潜意识，或者说这类流行语之所以能流行就在于它的形式符合了"流行"的特性，它的形式意义大于其本身的意义，背后体现的是网民对轻松活泼的追求和开心有趣的崇尚。

第二章

不测风云：网络交往中的语言失范

　　在互联网这个江湖里，从来不缺"春天的故事"。近年来，我国"互联网＋"风起云涌，互联网与多个行业、领域、业态融合，催生了大量的新技术、新产业、新业态和新模式，形成了我国经济社会发展的新动能。

　　但是，在这个江湖里，也会发生一些大大小小的"事故"。别有用心的人、网络霸凌者、网络喷子、键盘侠、杠精、柠檬精……在网络空间竞相登场。他们在键盘上舞刀弄枪，常活跃于各大论坛，穿梭于各个评论之间，以自己的方式和风格混迹于网络江湖。他们中的一些人在利益的驱使下、在情绪的裹挟下，没有把控好方向，没有把握好度，使网络污名化、网络欺凌、网络骂战、网络谣言等非理性交往现象陆续涌现。与之相伴随的，是网络语言的粗俗化、情绪化和随意化等语言失范问题。

　　接下来，让我们走进这些网络空间中的语言失范和非理性交往现象。

第一节 网络污名化

💡 你知道吗？

"按照定义,我们自然认为,有污名的人不是什么好人。有了这种假设,我们就会运用各种各样的歧视,以此有效地减少他的生活机会,即使这样做时往往没有考虑后果。"[1]

—— 欧文·戈夫曼

一、寻找污名之因:原来"你"才是罪魁祸首

(一)污名化的前世今生

"污名"(stigma)一词的历史源远流长。根据社会学家欧文·戈夫曼在《污名:受损身份管理札记》这本书里的介绍,古希腊时期的希腊人将一些记号刺入或烙进奴隶、罪犯或叛徒的体内,用这些记号向人通告他们的道德地位不寻常,应该避免与他们接触,而这些身体记号就被称作"污名"。现在,这个词被广泛

---

[1] [美]欧文·戈夫曼.污名:受损身份管理札记[M].宋立宏译.北京:商务印书馆,2009:6.

使用,指代"一种令人大大丢脸的特征",强调的不再是象征耻辱的身体证据,而是耻辱本身。

传统意义上的污名化更多的是一个二元对立的结构。简单说来,就是把社会人群划分为"强势群体"和"弱势群体"。强势群体往往社会地位较高、资产丰富、受过良好教育,自然掌握着社会的话语权;弱势群体或社会地位低下,或经济贫困,或受教育程度低,或因种族和宗教信仰等方面的原因,容易成为强势群体污名化的对象。举个例子,14世纪中叶,黑死病席卷欧洲,瘟神无孔不入、没有国界、不分种族,夺走了当时欧洲近一半人口的生命,可以说是生灵涂炭,尸骨遍地。尽管当时欧洲已有不少医学院,但他们对黑死病完全束手无策。治疗无望的欧洲人惶惶不可终日,找不到黑死病的元凶,那替罪羊是一定要有的。因宗教信仰需每周洗澡,所以相对而言没那么容易被感染的犹太人就成了污名化的对象。下面是《科技日报》在"世界大瘟疫启示录"系列文章里的介绍。

人们发现当地的犹太人居然没有感染黑死病,开始怀疑黑死病是犹太人在井水里投毒制造的。没多久,在瑞士日内瓦附近的小城西恩,这个"投毒"的犹太人阿济迈就被抓住了。这名药剂师不堪忍受被烙铁烧腋下、脚底、生殖器,被铁钳将指甲一片片剥下,终于向法官"承认"投毒。

阿济迈的惨烈遭遇只是序幕。很快,德国、法国各地都开始审讯犹太人，甚至在没有犹太人的地方，也找到了被犹太人买通的"内奸"。尽管有议员提出：刑讯逼供的供词不可轻信，而且死于黑死病的犹太人也不在少数，难道他们傻到连自己人一块毒死？而在巴塞罗那等大城市，还镇压过反犹太人的暴动。但民众太需要找到对灾难的解释了，替罪羊是一定要有的。

小规模迫害发展为大规模种族屠杀，掌权人为保自己的权威，不仅默许这些暴行，还把坚持理性立场的议员和市长革职，推动了屠杀犹太人合法化、正当化。犹太人被烧掉住宅、扒光衣服、抢走财物、集中烧死……在多个城市，绝望的犹太人用集体自杀的方式来表达反抗。

矛盾就这样堂而皇之地被转嫁到社会贫苦阶层和少数民族头上，兴起迫害异教徒和少数民族的狂潮。在一些地方，吉卜赛人被指传播黑死病而被烧死；与"异端"有联系的黑猫也被视为传播者，被大规模猎杀，一同受牵连的还有女巫——黑猫是女巫的化身，她们与大量野猫一起被送进火场……

既然找不到头绪对瘟疫下手，那就清除一切"鬼祟"事物。如果说瘟疫是天灾，那蒙昧就是人祸。在黑死病大暴发后的200多年里，西班牙以外的西欧和中欧，犹太人几乎绝迹。

（摘自杨雪：《黑死病：欧洲人的铭心之痛》，《科技日报》2020年5月6日第1版）

网络时代的污名化则打破了二元对立的状态，呈现出一种泛污名化的特点。从人类社会的传播历程来看，一种新的媒介出现后，都会以自己独特的方式影响社会结构，同时给人类的观念和生活方式带来深刻的改变。有学者概括，互联网作为一种新的传播科技，创造了一个全新的社会网络，在这里有虚拟社区和新的政治、经济生活，创造了数码精英、黑客、创业者、虚拟等各个层面的新型网络文化，创造了"网络"这一新的组织形式和"网络社会"这一新型的社会。[1]随着互联网、移动互联网等技术的快速应用，智能手机、电脑、平板等终端的不断普及，新媒介技术进入了大众化、平民化发展的阶段。这意味着，每一个接入互联网的人都可以参与到网络信息的生产与发布当中，都可以通过新媒介随时随地在网络空间中发表自己的观点、表达自己的情绪，网络空间由此容纳了更多开放、多元而富有个性的公众话语，瓦解了以往由强势阶层群体话语的局面。这种人人都可以参与的社会表达机制，使得网络时代的污名化不再是强势群体对弱势群体的单向污名化，弱势群体也可在网络空间以网友之名、借舆论之力、聚网民之能，反抗强势群体的污名化甚至反过来污名强势群体。简单地说，新媒介技术将我们带进了"人人都有麦克风"的全民表达时代，强势群体与弱势群体、主流群体与非主流群体、主流文化

[1] Jingfang Liu, "A Green Virtual Space for Social Changes in China: Internet Activism and Chinese Environmental NGOs", paper delivered to the annual meeting of the International Communication Association, Marriott, Chicago, IL, May 21-25, 2009.

群体与亚文化群体甚至是完全不相关的群体之间，都可以借助这种表达进行交叉污名化。

"广场舞大妈"一定是素质低下的、"凤凰男"一定是势利薄情的、"摔倒的老人"一定是为老不尊的、"漂亮女孩"普遍都是拜金的、"城管"一定是飞扬跋扈的……网络空间中贴标签的污名化行为正变得越来越普遍、越来越随意，各种带有污名化的标签也借助特定的网络语言迅速流传开来。网络时代信息传播与接受方式的碎片化，使网民更倾向于用简便的标签对一个人或群体进行大致的判断。所以，这些产生于、发酵于网络空间的"刻板印象"，会导致人们进一步形成群体偏见，改变自己对这些群体的认知与行为，最终影响这些被污名化对象的生活。我们可以对污名化的过程进行一个简单的推演：现在有两个主体（可以是个人，也可以是群体）A 和 B，A 把邋遢、懒惰甚至更不好的品性都强行放在 B 的身上，之后再通过各种传播方式让更多的人或者群体认定邋遢、懒惰就是 B 的特征。这样从最开始强加标签再四处传播并最终让 B 无法脱离邋遢、懒惰形象的过程就是动态的污名化过程。事实上，B 既不邋遢也不懒惰，但经过这个污名化的过程之后，人们对 B 的印象可能就变成了邋遢、懒惰。也就是说，只要一提到邋遢、懒惰就会想到这是 B 的特质，或者说只要一提到 B，他们的特质就只有邋遢、懒惰。这就让对 B 不了解的人看不到他的其他特质，对其形成一个非常偏见的认知。

（二）谁给了他们污名化的权利？

"十亿人民九亿骗,总部设在驻马店。""谁说河南人傻？村村户户会造假！"这些顺口溜便是少部分人对河南及河南人的污名化。你以为只有河南人被"黑"？完全不是,单是关于地域的污名,就能编出一箩筐,他们给全中国各省份的人贴上标签：

提起广西就传销,说到山东个都高,

河南人民全会骗,广东吃啥都不挑,

福建假货卖全球,湖南啥都放辣椒,

东北喝酒爱吹牛,四川小个都不高,

江浙最穷都上亿,上海阿拉心机婊,

天津北京都排外,新疆小偷卖切糕,

重庆顿顿吃火锅,海南东北在作妖,

陕西天天吃凉皮,山西家家把煤烧,

安徽全都住黄山,青藏喇嘛佛法高,

澳门都是何鸿燊,香港全是李嘉诚,

台湾一帮窝囊废,内蒙(古)人民满身膘,

宁夏甘肃都是哪？云鄂赣冀静悄悄,

大家都是中国人,谁啥样谁不知道？

地域标签不可取,劝君莫整这一套。

（摘自微信公众号：吴晓波频道）

那么，这种污名化的权利到底从何而来呢？

不论你现在处于祖国的哪一个省、市、自治区，多多少少都会被"刻板印象"。比如，有女同学来自新疆，你下意识地认为她就一定会新疆舞蹈技巧"动脖子"。事实上你并没有去过新疆，这位同学也是第一次见你们，你为何会做出这样的判断呢？

答案很明显，你在日常生活中接收到的信息使你对来自新疆的同学形成了一个概括而固定的看法——会"动脖子"的舞蹈技巧，并认为凡是来自新疆的同学都会这一技巧，而忽视个体间的差异，这就是一种"刻板印象"。那么，形成"刻板印象"的信息又是从何而来呢？一方面，这些信息来自你在现实生活中与家人、同学、朋友、老师等的日常交流；更为重要的另一方面，这些信息来自传统媒体（以报纸、杂志、广播、电视为代表）与新媒体（以接入互联网的各种智能终端如手机为代表）共同构筑的"信息环境"。当我们所能接触到的信息环境都在强调某一区域或某一群体的某个共同特征时，我们便慢慢地对这个群体形成一个概括而固定的看法，下意识地认为这个群体的所有人都是如此，从而形成对该群体的某个"刻板印象"。

在传统媒体时代，媒体需要按照一定的标准对信息进行筛选和加工，一些带有偏见、污名化的信息往往就被"把关"掉了。当然，尽管传统媒体不会有意提供"污名化"的信息，但在报道过程中对某些信息的过度报道或强调也难免会强化或放大某个人群或地域的负面特征，久而久之，在不自觉中造成了污名化的结果。

如果说传统媒体时代的污名化是相对可控的,新媒体时代的可控性则大大减弱了。如前面所谈到的,新媒介使人人都可以在网络空间中发表自己的观点,信息传播与观点表达的主体越来越多、信息传播的门槛和成本越来越低、信息扩散的速度越来越快、信息把关的难度越来越大,很难像传统媒体那样通过控制相关信息降低污名化的可能性。在新媒介给普通人"增权赋能"的网络空间中,现实生活中按照社会地位、身份、财富界定的强弱者已不再适用,强势群体与弱势群体之间的界限不再泾渭分明,现实生活中的社会底层在网络上可以借助网络舆论化身为强势群体,对那些在现实生活中社会地位较高的强势人群进行舆论批判甚至污名化,如此一来,现实社会中强与弱、高与低的格局被打破。这就意味着,网络时代的污名化出现一种泛化的趋势,比非网络时代的污名化更加普遍、更加复杂、更快传播、更难控制,只要愿意,任何一个网民都可以在网络空间去评价、去批评人或事,抑或是去谩骂、去诋毁人或事,且常常裹挟着强烈情绪与态度,用贴标签式的评价代替对复杂个案的理性分析,用简单的标签化定义压过理性深入的分析。也就是说,无论大家在现实生活中来自哪个阶层,在网络空间中都有污名他人的可能性,都可以在互联网上形成一根根鄙视链条。比如,有钱人说没钱人好吃懒做,没钱人说有钱人为富不仁等。

(三)想"洗白"但又"寡不敌众"的苦恼

《老汉要求让座未果骂脏话,直接坐女孩身上》《高中生救起摔倒老人,反被诬陷索赔》《摔倒老人被扶后死亡 家属将扶人者诉至法院》《浙江小伙子扶摔倒老人被指为肇事者,真相大白后欲起诉》《高中生整齐默站抗议公园噪音,遭老年人指责》《大妈小区内占地跳广场舞:贴条阻停车,有住户被逼搬家》……

互 动

如果你看到在人行道上一位老人摔倒在地,你选择扶还是不扶呢?

我想,这个问题如果放在数年前,大家一定会毫不犹豫地上前搀扶,但时过境迁,随着网络空间中越来越多的报道、信息、评论将"摔倒的老人"贴上碰瓷、讹钱等标签后,人们再面对这个问题时不得不心存顾虑。

现在的老人真的这么为老不尊、人人避之唯恐不及了吗? 恐怕不是。不否认现实生活中确实有少部分老人倚老卖老、为老不尊,但绝大多数老人都是仁慈的、善良的。来自网络空间、传统媒体的相关报道单向地给老年人贴上了各种负面标签,使整个老年群体都被污名化了,也导致大家慢慢地对老年人产生一种"刻板印象"。

说到这里,大家可能又会有一个疑问,不是说互联网赋予每一个人发声的权利吗,老年人因少数人的为老不尊而被贴上了负面标签,他们为何不出来发声纠错呢? 这个问题不难解释,据调查数据显示,截至2019年年底,我国60周岁及以上人口约2.54亿,占总人口的18.1%。尽管近年来互联网持续向中高龄人群渗透,但截至2020年6月,60周岁以上的老年网民规模大约只有9600万,仅占网民规模的10.3%。在60周岁以上的老年群体中,触网的老年人不到40%。同时,受年龄、技能、文化水平等因素的影响,老年人对互联网的使用层次不高,大多停留在微信社交、刷抖音等浅层次,在网络中发表观点、传播信息的能力比较欠缺。这就意味着,一方面,老年人在网民占比上具有先天的劣势,即便全部发声也很难扭转互联网已经形成的"刻板印象",另一方面,大多数老年人对互联网的浅层次使用,决定了他们即使上网也未必知道自己"被污名化"这件事,或者知道了也没有为自己发声"洗白"的信息生产与传播能力,致使他们的话语力量不足,不能有效消解相关网络信息给他们带来的污名。

互联网虽然赋予每个网民发声的渠道,但是因为网民在文化程度、参与意识以及新媒体素养等方面存在差异,导致那些在网络空间中活跃的、信息生产与传播能力强的网民,比那些数量较少、参与度低的网民更有话语力量,这就造成了新的不平衡。所以,我们在互联网上看到那些被污名化的个人或者地域,其实也有反对的声音,但是势单力薄,难以改变已形成的"刻板印象"。比如,之前说到的河南人被污名化的现象,其实是"河南人和全国其他地方被骗的人的一场战斗",很难在声势浩大的网络舆论中"杀出一条洗白的血路",难以在短时间内改变人们的认知。

　　传播学中有一个著名的"沉默的螺旋"理论,可以很好地解释这一类问题。这个理论认为 —— 人们在表达自己的想法和观点的时候,如果看到自己赞同的观点受到广泛欢迎,就会积极参与进来,持这类观点的人就会越发大胆地发表和扩散;与之相对,持相反观点的人会倾向于不表达自己的观点而转向"沉默"甚至附和。他们的沉默又映衬另一方意见的增势,使优势意见越来越强大,而这又迫使更多持相反观点者转向沉默。如此循环往复,便形成一方的声音越来越强大,另一方越来越沉默的结果。这个理论在相当程度上揭示了:一旦网络上对某个群体或地域形成了污名化的印象,要想摆脱所背负的这种污名是很难的。

资料链接

　　前不久,一个单身朋友遭遇了这样一件尴尬事:有热心人为其介绍相亲对象,请他写一段自己的个人和家庭信息发给女方,谁知信息发过去后却石沉大海。后来跟热心人一打听,原来女方一看他出身农村,便认定他是"凤凰男",一口回绝了。

　　暂且不去对女方的择偶观进行价值评判,单说这种对他人进行归类的方式,难免让人担忧:难道我们对一个素未谋面的人,单单因为其身上某个简单的元素就可以为其贴上某种标签,以此代替我们对他人的认知吗?

不知从何时起，矮矬穷、土肥圆、凤凰男、孔雀女、直男癌、绿茶婊等标签开始在网络上和年轻人中间风行起来，这些标签，有些一开始可能并无恶意，但经过网络和媒体的不断传播与发酵，便有了歧视的味道。

在社会生活中，喜欢给人和事贴"标签"，本来是一种常见的心理习惯和思维方式。我们从出生之日起，身上就背负着各种身份标签，如性别、籍贯、民族等等。对事物进行标签化的归类，原本也是我们对事物进行初级认知的一种简便形式。但前提是，这些标签是客观的、没有偏见的，有助于我们理性地认知事物，而不应为我们戴上"有色眼镜"。

（选自长余：《标签化伤害了谁》，载于《人民日报》2016年4月5日19版）

二、探索污名之形："女司机"与"绿茶婊"里的偏见

"如果你大晴天中午开车，旁边是一个女司机开车，突然她打开了雨刮，那么请注意她一定是要转弯了。如果女司机打完左闪打右闪，打完右闪又打左闪，那么请不要在意，因为她只是关不住灯……"

互联网中诸如此类调侃"女司机"的笑话还有很多。很多人认为这仅仅是对女性驾驶员的一种调侃。其实不然，这是给女性贴上了"女性是马路杀手""女性不适宜驾驶""女的会把油门当

刹车"等负面标签，折射出的是对女性的偏见，是网络空间中对女性污名化的一种具体形态。那么，网络空间中的污名化究竟以哪些形态出现？下面以女性污名化为例，进行一个简单的介绍。

不论女性群体做什么，最后做得怎么样，不少网民都会多多少少地戴着一副"有色眼镜"去看待她们的行为以及她们所获得的成就，一些键盘侠以情绪化甚至极端化的网络语言表达对这个群体的偏见、给她们贴上污名的标签。借鉴兰悦在其硕士论文中的梳理与分类 [1]，网络空间中常见的女性污名可分为以下几类：

第一，对女性职场标签的污名。这种污名化从传统社交延伸而来，也就是说在传统媒体时代就已经存在的一种社会病症，体现在习惯于带着偏见去看待职场上获得较大成就的女性。他们的偏见在于，女性在工作上取得的成就应该要比男性弱一些，一旦有女性在职场中获得较大的成就，便不符合常态，属于另类，一些风言风语便可能会出现。或给她们贴上为了工作不顾一切、拼死拼活、六亲不认的"女魔头"标签，或充满"潜规则"的想象，妄自揣测，给她们贴上"小秘""老板的情人""干女儿"等标签，固执地认为她们更多是依靠自己的美色或其他手段打通工作关系的。对成功职业女性而言，前者虽认可她们的能力却对她们的性格持有偏见，后者更是对她们的能力和人品进行了双重否定。这种流言蜚语式的污名化很容易转战到网络空间，并在大范围传播、匿名化、群体极

---

[1] 兰悦.网络传播时代女性群体污名化扩大趋势研究［D］.哈尔滨:黑龙江大学,2018：14–19.

化的影响下,无限放大了给当事人带来的负面效应。

第二,对女性特定职业或行为的标签化污名。这是对特定行业与职业的女性或女性某种行为的隐形污名化,如女教师、女厨师、女司机、女经理等。之所以说是"隐形污名化",是因为这类污名化并不明显,往往通过在各类信息的标题中反复、持续强调女性的角色,久而久之潜在地带来了污名化的效果。也就是说,在网络空间中几乎所有涉及女性的新闻都会在新闻标题中加上一个"女"字做强调或者特殊说明,比如说"女教师掌掴学生""女司机高速路上看手机""女经理熬夜加班猝死",等等,其目的是迎合网民的好奇心,提高相关信息的点击率。毋庸置疑,随着这类污名化的网络标题反复、高频地出现,网民在这类信息的刺激下会对这些女性形成不好的认知,对她们从事的某些职业或行为产生偏见。

第三,对特定年龄段女性的标签化污名。这尤其以"大妈"为代表,在中文语境下特制"中国大妈"。这个词之前主要是对上了年纪的女性群体比较客套的称呼,后来却在网络空间中被网民注入了污名化的特定含义。刚开始,"中国大妈"是网络上美国媒体调侃国内中年女性的称呼。2013 年,美国媒体报道说"中国大妈"对黄金的购买力导致国际金价创下 2013 年内最大单日涨幅,《华尔街日报》甚至专创英文单词"dama"来形容"中国大妈"。其实,此时除了代表一定的消费特征外,"中国大妈"倒也没有什么别的污名。随着这个特定的称谓传入国内,网络媒体开始在标题上进行广泛运用,只要是涉及这个年龄段女性群体的新闻尤其是负面新闻，统一冠之以"大妈"的称呼，比如《大妈跳广场舞致房价下跌》《大妈欲下公交怒抢方向盘，仗义女乘客暴怼：臭不要脸，滚下车！》《大妈地铁里随地扔瓜子壳　小伙默默清理干净》《一言不合就动手！大妈和美女在昆明公交车上上演全武行》《小伙公交车上睡着　被上车大妈踢醒要求让座》《警方：大妈直播吃灯泡系母子策划表演，吃的都是处理过的道具》《大妈水源地洗澡画面不忍直视　穿暴露内衣不文明太丢人》《小女孩扶大妈被讹十几万　大妈家人竟当甩手掌柜走人了》《30 余名大妈高速公路绿化带跳广场舞被交警劝离》《大妈被骗 30 万仍执着汇钱　骗子编不出剧本崩溃》……同时，网民或通过曝光日常生活中遇到的大妈各种负面事件，或极端化表达对大妈各种行为的批判，或将大妈的各种负面行为进行关联和归纳，如有网民盘点了这些年中国大妈的负面事件，形成了"大妈扰民篇（广场舞）""大妈时尚篇（脸基尼）""大妈整容篇""大妈吸毒篇"等系列。很快地，"中国大妈"被建构成一群爱占小便宜、缺乏社会公德的人，从一个代表着特定年龄女性的称谓转变成携带着一定负面品行的污名化标签。

第四，对具有一定文化程度女性的污名。这在某种程度上说，是女性歧视在教育领域的一种潜在体现，也是对"女子无才便是德"的一种误读。表现在，女生在考硕士研究生和博士研究生的过程中，经常会有朋友这样安慰"没关系，反正是女孩子，读那么多书耽误了大好青春，就算没考上也没关系"。这话的出发点虽然是安慰,但是仔细一想,里边暗含着否定女性具有平等受教育权的倾向。更有甚者,网络空间中的"段子手们"对女博士进行了戏谑式的调侃,称她们为男人、女人之外的"第三类人",将她们归为不食人间烟火、冷酷而又缺少情趣的"异类",给她们贴上"智商高、情商低、难相处"等标签,女博士似乎就意味着"大龄、未婚、学历高、不修边幅、思想前(奇)卫(葩)、圣(剩)斗士、灭绝师太、ufo(ugly、fat、old)"等。女博士污名化的本质是对女性精英的孤立与歧视。这种污名化给女博士的生活带来了很大的影响,导致她们还需通过各种方式证明自己也是普通女性,自己的生活与常人无异,也有嬉笑怒骂、也有迷茫忧伤、也有生活情趣、也爱逛街打扮,并非大家刻板印象中的"第三类人"。

第五,女性污名词中的新生词。前面讲到过,网民在网络语言发展过程中所体现出的强大造词能力不容小觑。在污名化这件事情上,网民造词能力也依旧发挥着强大的"作用",他们造出"绿茶婊""蜜糖婊""心机婊""孔雀女"等新词,对特定女性进行一种比较直接的污名化表达。以"绿茶婊"为例,该词最早出现在网友对某市举办的"海天盛筵"展览会的网络围观中,该展览会富豪云集,引来数以百计的嫩模参加。在针对展览会的传闻和围观中,"绿茶婊"一词应运而生,用以指代在这次活动中出现的那些长相清秀可人却疑似出卖身体而获得名利的嫩模。她们的特征是,"各种发型都可能出现,发色不定,齐刘海或者中分,妆容一般用 BB 霜、修容粉、细眼线笔、浅褐色眼影,看起来素面朝天，喜欢逛夜场，男性朋友非常多，说话声音微小，对异性非常敏感，很文艺，为了自己的利益和野心（一般是步入豪门或者娱乐圈上位），什么事都能干出来，事后又装作完全不知道而悄然离开"。后来泛指外貌清纯脱俗，总是长发飘飘，在大众面前看起来素面朝天，其实都化了裸妆，实质生活糜烂、思想拜金，在人前装出楚楚可怜、人畜无害、岁月静好却多病多灾、多情伤感的样子，真实却善于心计，野心比谁都大，靠出卖身体上位的妙龄少女。如我们在第一章所阐述的，网络新词往往具有"一呼百应"的效果，再加上"美女""出卖肉体"等充满形象的、刺激性的元素，"绿茶婊"这样带有污名化的新词很容易在网络空间中快速传播，并作为一种标签被网民进行随意的、情绪化的运用，看到一个女性长相稍微甜美一些或者声音稍微轻柔一些但不喜欢她的语言或行为，可能就会称她为"绿茶婊"。网民在碎片化阅读的过程中，判读信息的时间通常很短暂，难以深入追求事件背后的真相，更容易用一个"简单的标签"替代深入的了解和理性的判断，最终影响到对某个人全面、理性的认知。

我们在探索污名之形时，虽然是以女性群体作为切入点，并不意味着男性群体能够幸免于难。网络空间的污名化已经不分男女性别了，男性群体也是污名化的重灾区，比如"凤凰男""渣男""直男""每个男人都是潜在强奸犯""中年油腻男""妈宝男"等等。事实上，污名化根本就不分性别、年龄以及地域，也从来不缺乏被污名的对象。在千姿百态的污名类型背后，污名化的内核是一成不变的,即对某个人或某群人的偏见与歧视。

三、反思污名之果:"他们"小心翼翼地躲藏

(一)无处可藏的污名

"网络污名化"比现实中的"污名化"要可怕得多,因为在当今网络发达的时代,任何信息的传播速度都快得让我们无法想象。污名化的标签会借助网络语言和互联网平台无限放大其给污名对象带来的负效应。比如,在"火箭少女101"的粉丝见面会上,杨芸晴在公开场合三次提到孟美岐私下邋遢,在经过网络的快速传播和持续发酵后,许多不了解孟美岐的人都认为她是一个表面光鲜私下邋遢的偶像,而且在很长一段时间内百度搜索"孟美岐"就会相应出现"孟美岐邋遢"等字眼。更有甚者,在孟美岐去纽约参加时装周接受采访时,还被外媒问到她本人是不是一个邋遢的人。从这个例子就可以看出,网络将人类带入了"地球村"时代,网络污名化给某个人带来的负面影响也到了前所未有、无以复加的地步。

我们来看看下面这条新闻:

2018年10月28日,重庆万州一辆公交车在万州长江二桥上发生交通事故,与轿车相撞后冲出护栏坠入江中。根据网上发布的现场视频显示:一名女性穿着高跟鞋呆坐在马路边,身后是一

辆车头被撞碎的"爱丽舍";旁边的大桥护栏已经被撞开,桥下的江面上有大片的浮沫油污。

消息传出没多久,网上铺天盖地传出重庆女司机穿高跟鞋开车逆行,撞到正在行驶过程中的公交车,导致公交车坠江的新闻;还有多家媒体报道,该公交车是附近大学学生出行的常用交通工具……这些消息立刻在各大门户网站引发轩然大波,不明真相的吃瓜群众瞬间义愤填膺,戴着长期对女司机持有偏见的有色眼镜,纷纷登上道德的制高点,手握"正义"利剑,对这位女车主进行疯狂的批判,甚至还有网民要求对这位女车主执行死刑……后来真相逐渐浮出水面,人民日报官方微博专门发表微评《欠涉事女司机一个道歉》:

视频曝光,尽管姗姗来迟,但终究还了涉事女司机一个公道:她不是害人者,而是受害者。此前加诸她身上的不实之词该消散了,对女司机群体的污名化也该停止了。当探讨舆论场中的变形乃至变异传播是如何形成的,更当深记:越是众声喧嚣,越需善于求证。

这样因为污名化的标签而被误解的案例不胜枚举。

中国大妈也是受害者。2013 年 12 月,各大门户网站转载了一条图片消息,称"老外街头扶摔倒大妈遭讹 1800 元",消息配有图片,是两个人争执的画面。正在人们因此反思国人素质的时

到底扶不扶

候，北京市公安局发布消息称，事件中的中年女子确实被撞倒受伤，而外籍男子无驾驶证，所驾驶摩托车无牌照，在人行横道内将中年女子撞倒，并非之前所说的中国大妈碰瓷。如果事情到这里结束，我们自然会觉得一切都还在可理解的范围内，但事实是什么呢？据《燕赵都市报》的报道，被撞倒的李女士在采访时说："老家好多人打电话骂我，这件事让我压力很大。"

这就是网络污名化给污名对象带来的后果！

在上述"长江坠车"事件中，小轿车的女性司机有长达五六年的驾驶经验，却仅仅因为性别被贴上"女司机"的标签，接下来用这一标签所含的"马路杀手"等对她进行定性与批判，被因"女司机"而引发臆想的网友群起而攻之。事实上，有关调查显示，女司机表现不亚于男性司机，以北京市的一份统计数据为例，女司机肇事事故死亡人数仅约为男司机的 1/50，与她们是"马路杀手"的结论完全相反；发达国家的一份研究也表明，同样里程的驾驶，男司机发生致死事故的可能性要比女性多 46%。[1] 所以，因小部分女性司机驾驶经验不足造成一些悲剧或由于慌乱造成的小碰擦，就让整个女性司机群体被标签为"马路杀手"，对她们进行"负面定性"，是一种以偏概全的错误认知，其中不乏性别歧视的意味。

面对污名化，被污名的对象往往是百口莫辩，大多只能选择小心翼翼地躲藏，希望污名带来的负面效果随着时间的流逝和新

---

[1] 邱雨．为女司机正名 —— 数据显示：男性驾驶事故比例高于女性［DB/OL］．http://www.chinanews.com/sh/2015/03-09/7111528.shtml.2015-3-9.

热点出现而被人们所淡忘。

(二)污名为何无处可藏

我们自我反省一下:对一个人的认知和判断会被他身上既有的或被强加的标签所影响吗?相信很多人都会受到这些标签的影响,只是每个人受影响的程度不同罢了。

互 动

你看到这些现象时,第一反应是怎样的?

现象一:小明在班里学习一直都不好,这次考试进步很大。

现象二:小美的家境不好,却被同学看到豪车接送。

对于现象一,你的第一反应可能是:"平时学习那么差,这次考得好肯定是作弊了。"但事实可能是:因为他的基础差,所以进步空间比较大,这次考得好是认真学习的结果。对于现象二,你的第一反应可能是:"家里那么穷竟然有豪车接送,肯定干了见不得人的事。"但事实可能是:她最近在做家教,孩子的妈妈顺路送一下。心理学有个概念叫"负面偏见",通俗地说就是,与正面信息相比,我们更关注负面信息,更有可能注意并记住负面信息。一句话概括,就是相较于正面信息,我们对负面信息有更大的敏感性。正是因为"负面偏见"的存在,比起正面信息,负面信息会对我们评价人和事产生更大的影响,更能影响我们对某人或某事印象的形成。所以,"负面偏见"让我们每个网民心里都藏着一个

"小恶魔",我们了解一个人,在同时知道他一条优点和一条缺点的情况下,我们更容易用缺点去记住这个人。在网上看到的一篇文章,如果喜欢这篇文章,可能什么都不会做,最多就是点下赞或者分享给朋友;如果不喜欢这篇文章,我们更可能会采取行动(譬如在评论区评论一番)。如此,文章下面就更容易出现负面的评论。事实上,我们在日常生活中有很多这样的体验,比如,班上某位同学获得了年度"三好学生",大家可能没过几天就忘记了,但是如果这位同学在学校和某个同学打架了,大家可能毕业五年十年后都还记忆深刻,并常常成为聚会时的谈资。"污名化"的标签与信息无疑有着强烈的负面指向和显著的负面特征,在"负面偏见"的影响下,人们会更多地关注、记住污名化标签所携带的负面特征,而忽略污名对象的其他正面特征。

我们都或多或少地存在着一种惰性思维,当我们碰到某件事或需要对某人做出评价的时候,我们习惯于想当然地认为"TA应该就是某个样子的",怠慢于进一步深入思考,青睐于简单的、重复的、机械式的思考。在这种惰性思维的影响下,我们很容易简化认知过程,以"这么多人都这样认为,这个标签肯定没错"为借口,直接按照已经形成的固定看法或别人提供的"标签"得出结论。这种思维带来的好处是为我们节省了大量的时间和精力,使我们能够比较快速地了解情况以应对复杂的环境;坏处是由于是在不充分了解的情况下根据固定看法或随大溜对眼前的人或事做出判断,很容易以偏概全甚至得出完全错误的结论。所以,在惰性思维的影响下,我们在网络空间中对人或事的认知和判断,在很大程度上会受到既有标签或刻板印象的影响,而我们在对"污名化"标签的认同、传播甚至运用的过程中,也不知不觉地成了潜在的"网络污名化"施暴者。

第二节 网络欺凌

💡 你知道吗?

网络欺凌是一个全球性的问题。研究数据揭示,从 2007 年到 2016 年,美国经历网络欺凌的青少年比例在 32% 左右,但在 2019 年的网络欺凌统计中,近 43% 的青少年经历了某种形式的在线骚扰。在 30 个国家中,1/3 的年轻人认为自己是网络欺凌的受害者。社交媒体网络欺凌统计数据表明,全球超过 65% 的父母将社交媒体上的网络欺凌视为他们最大的担忧之一。[1]

---

[1] Ogi Djuraskovic. Cyberbullying Statistics, Facts, and Trends (2021) with Charts, https://firstsiteguide.com/cyberbullying-stats.

在我国，《2019 年全国未成年人互联网使用情况研究报告》显示：未成年网民在网上遭到讽刺或谩骂的比例为 42.3%；自己或亲友在网上遭到恶意骚扰的比例达 22.1%；个人信息未经允许在网上被公开的比例达 13.8%。

一、角色："无形拳头"的制造者与承受者

提到欺凌，大家第一时间想到的可能是校园里发生的各种学生欺凌事件，即学生中的一方（个体或群体）蓄意或者恶意通过肢体、语言、人际关系等手段单次或多次实施欺压、侮辱，对另一方（个体或群体）造成身体伤害、财产损失或精神损害的行为。这些以肢体、语言、人际关系为手段的欺凌行为分别被称为身体欺凌、语言欺凌和关系欺凌，统称为传统欺凌。无疑会给被欺凌者带来耻辱、痛苦或恐惧。

当下，电子设备和互联网以极快的速度向青少年群体渗透。《2019 年全国未成年人互联网使用情况研究报告》显示，我国未成年网民的规模为 1.75 亿，互联网普及率达到了 93.1%，拥有属于自己上网设备的比例达 74%。随着青少年群体陆续通过电子设备接入互联网，校园发生的面对面欺凌也直接延伸或扩展到了网络空间，形成一种新的欺凌形式，即网络欺凌，英语称为 cyberbullying。网络欺凌是个体或群体通过互联网、手机和其他电子设备，以发布或传播文字、图片、音视频等形式，对另一方个

体或群体实施侮辱、诽谤、威胁或者恶意损害形象的行为。在网络欺凌中,有欺凌者、被欺凌者和旁观者三种角色。

（一）欺凌者:"大显身手"的施暴者

欺凌者是在网络空间中实施欺凌行为的一方,他们策划并发起网络欺凌事件,确定欺凌的目标,选择实施损害的手段和表达方式,并最终实施欺凌行为。欺凌者又可分为两种角色:策划、组织、发起网络欺凌行为的"主犯"和欺凌发起后加入或协助欺凌的跟随者(协助者)。

欺凌者发起或参与欺凌的动机大体可以分为两种:第一种主要以欺凌本身为目的,选择以网络为欺凌手段,对心怀怨恨或不满的对象在网络空间里进行欺凌,甚至已经在现实生活中进行了面对面的欺凌,再把欺凌的图片或视频发布到网络空间,使面对面欺凌与网络欺凌相互叠加,加剧欺凌的程度,扩大欺凌的传播范围。简单地说,网络被用来作为欺凌的手段,可以理解为传统欺凌的网络版。第二种主要受社交因素驱动,通过网络欺凌实现一定的社交目的。随着生活节奏加快和社会压力变大,网络空间中也出现了"贩卖焦虑"的现象,学习或者是工作上的不顺心都可能会加剧青少年的焦虑心态,产生一些负面情绪。在网络空间中,青少年可能会觉得不再受现实世界中的规则约束,他们通过对陌生人进行网络欺凌来缓解焦虑、释放负面情绪,以弥补现实生活中的压抑情绪,获得一时的满足感和快感,也就是我们通常说的"把自己的快乐建立在别人的痛苦上"。另外，一些青少年为了提高自己在群体中的知名度，让更多的人知道自己、认可自己甚至崇拜自己，也有可能发起或参与侵略性的网络欺凌行为。

需要注意的是，与传统欺凌可以直观地看到和感受被欺凌者的痛苦和身心伤害不一样，借助电子设备和互联网在网络空间中实施网络欺凌行为，不用直接面对被欺凌的对象，更感受不到他们的痛苦，加上网络欺凌行为造成的后果具有延迟性，使他们不能及时且更难以直观地感知欺凌行为带来的可能后果，大大降低了他们实施网络欺凌行为的心理负担和内疚感。同时，网络欺凌的匿名性和隐蔽性使其更容易成为青少年的一种宣泄方式，毕竟躲在网络背后就可以隐蔽身份轻而易举地欺负别人比在街上抓一个人打一顿出气要容易得多、被抓现行的可能性要小很多、需付出的代价也要低很多。这就使得在现实生活中从未参与或不敢参与欺凌的青少年也有可能成为一名网络欺凌者。

（二）旁观者：可能也会成为"火上浇油"的欺凌者

旁观者没有参与到网络欺凌事件中，虽目睹了欺凌行为的发生，但一直处于旁观者的位置，独善其身，不采取任何措施，是没有牵涉任何欺凌言行或被欺凌者经历的角色。当网民进入某一网络欺凌事件后，可能会在一段时间保持旁观者的身份，但因为网络欺凌的特点，他们与欺凌者一样不能直接感知被欺凌者的痛苦，在不明真相的情况下受从众心理或情绪感染机制的影响，在不经意间只需点击一下鼠标发一个表情、点一个赞、转发一下欺凌信息，或者发一条评论，就成为网络欺凌的强化者甚至援助者。他们选择的行为或激励欺凌者继续欺凌，或扩大网络欺凌的传播范围，或直接与欺凌者一起对受害者进行实质性的攻击。在这一过程中，原本是"吃瓜群众"的旁观者也转化成了"火上浇油"的欺凌者，导致欺凌者队伍像滚雪球一样越来越大。

资料链接

一场因泳池"碰撞"冲突引起的自杀事件

2018 年夏天，安宁（化名）医生夫妇与 13 岁的初中生罗佳（化名）在泳池里发生冲突后，调解无果，两家矛盾不断升级，罗母把泳池监控视频提供给媒体，安医生夫妇的信息随即被"人肉"，安宁夫妇陷入了舆论旋涡。

35 岁的儿科医生安宁从出事到去世，只用了五天。她在自杀前发短信给调解的民警："对不起，是我做错了，我对整件事负责，一条命顶一个心理创伤应该够了吗？"

舆论瞬间反转，"德阳安医生自杀"上了热搜。不少网民同情安宁的同时，对另一方罗家人进行人肉搜索；短信、电话诅咒谩骂，甚至还有人寄花圈、纸钱到罗家……

网络暴力之下，伤害与被伤害没有分界线。

安宁的丈夫乔伟（化名）以"侵犯公民个人信息罪"向警方报案，希望追究罗家人的刑事责任。

……

旁观者退场,两个家庭却永远地被改变了,他们依旧在残局中等待与煎熬。

(选自明鹊、陈媛媛:《德阳女医生自杀后600天:网络暴力下的伤害与被伤害》,载于"上观新闻"2020年4月16日)

据《上观新闻》报道,事件发生后,当地的微信群、QQ群、贴吧等对安医生一家进行了无情的批判和辱骂,"对孩子出手的变态""去她医院挂号,看看什么样的医生会对孩子出手""去她医院拉横幅",讨论"怎么把事情搞大",发表"支持人肉"的言论并进行人肉搜索。安医生去世后,舆论反转,网友们对罗佳进行指责、谩骂、诅咒,他们一家人的个人信息、照片、家庭住址、工作单位等陆续被网友"人肉"出来……雪崩的时候,没有一片雪花是无辜的。原本是旁观者的部分网友在不明真相的情况下,往往容易站在道德制高点上去评判、指责别人,随兴的一个动作、随大溜地发一句评语或一个表情,在不经意间就改变了自己的旁观立场,加入了欺凌者的阵营,最终加剧了网络欺凌的伤害与影响。

事实上,就算旁观者独善其身、沉默无言、冷眼旁观,什么都不干,但欺凌者也有可能将其视为一种默许,会降低他们的自责与内疚感,助长他们的欺凌行为。相反,如果旁观者向被欺凌者伸出援手,以各种方式安慰、帮助、支持他们,那将是三九寒冬的暖阳,能够缓解网络欺凌行为的负面影响。因为青少年大脑内的一组奖赏神经元特别活跃,旁观者如果能在网络欺凌事件中充分借助网络的匿名性与隐蔽性,反对欺凌行为或进行负面评价,能降低青少年欺凌者对欺凌事件的兴趣。

(三)被欺凌者:"无处可藏"的受害者

被欺凌者是网络欺凌行为的受害者。与传统欺凌常发生在一个相对封闭的空间不同,网络空间中发布的欺凌信息打破了时间和空间的限制,广大网友可以随时随地、反反复复地收看这些信息。同时,互联网不但可以成为一个网络欺凌的发源地或放大镜,也是一个线索集中箱,有些网友以发起某个话题为荣,而浏览量、点赞量、转发量带来的心理满足感,也使他们将理性、道德、尊重抛在脑后,不断追踪、曝光受害人的最新情况,在网络空间中对他们进行持续、反复地欺凌,甚至将网络欺凌转化为线下的面对面欺凌,使得受害者无处可藏、无所遁形,无法逃避网络欺凌带来的严重伤害。随着越来越多的网友改变旁观者角色加入欺凌者队伍,被欺凌者难以采取相应的反制措施,也无处可逃,只能被动地承受着"无形拳头"的一次又一次打击,很容易陷入悲伤、无力甚至绝望的境地。

一个三百万杯子的玩笑 她被网络欺凌近十年

2009年的一天课间,班上两个男同学玩闹的时候打碎了王晶晶的茶杯。同桌说了句玩笑话:"你完了,晶晶的这只茶杯要三百万呢!"结果,"三百万茶杯事件"被发到了学校贴吧,扭曲的版本为:王晶晶自称杯子要三百万。

一时间,全校皆知。

长达十年之久、一直到她结婚生子也没结束的校园暴力和网络暴力,自此拉开帷幕。

王晶晶平时穿"寒酸衣服",用"诺基亚老人机"。王晶晶矫正牙齿,被传"从小学就开始整容"。"不缺(需要)男朋友",演绎成"男朋友不间断"。

网络传播的模糊性,以及大众狂欢的心态把这片小雪花越滚越大,最终引发了压垮王晶晶生活的雪崩。

王晶晶被戏称为"神女",这个侮辱性的词伴随了她一生。每一天都有无数的人"慕名而来",在班级门口围观"神女"。以前的朋友因不堪舆论,离她而去,网络上少数理智的为她说话的人被打入"神族"。就连走在路上,都会莫名其妙地被人拳打脚踢,最严重的,是被一个女生无缘无故地扇了几十个耳光。她反抗,还被女生反咬一口,在街上大喊"快来看啊!神女打人了!"

面对这样大规模的欺辱，王晶晶根本来不及反抗，甚至被动接受了自己作为"怪物"的身份。她说，"被妖魔化了之后，我就不再是一个人了，我就是一个符号，是一个话题。"

各种不堪入目的谩骂扑面而来，最恐怖的是，这些跟风嘲弄的网民，在生活中跟王晶晶本人没有任何交集。甚至她去外地读了大学，竟然也会被跟踪，每天都有在网上直播她的一举一动。被逼到辍学，网络暴力还是没有放过她。打工时期遇到愿意与她做朋友的女孩子，她掏心掏肺，结果换来的又是欺骗——女孩接近她是为了在网上直播她的动向。

多年的网络暴力加上无数次的欺骗，导致王晶晶患上了严重的抑郁症。她说："周围对于我就等于是一块幕布，好像全世界就剩下我自己跟（和）打在我脸上的耳光。"她甚至两度尝试自杀，还好都被救了回来。她说："我当时真的就是觉得已经走不下去了，就走入一个绝境了，全部都是讨厌自己的声音，整个世界就没有一个让我留恋的点。"

而这，竟也能成为他人的笑柄。

比起悲剧更悲剧的，是对悲剧无动于衷。

比无动于衷更悲剧的，是对此兴高采烈。

在围观和发言前，越来越少的人会去思考：一个点击、一个评论会给当事人的现实生活造成什么样的影响。

在故事的最后，王晶晶用回了曾经被父母觉得"太厉害"的名字——王胜男，并没有像大多数人想象的那样"与过去和解，原谅恶人"，而是亲手将欺凌了自己十年的几名主犯送进了监狱。虽然只有三个月的刑期，但也算是给了自己一个交代。

（综合自《那个自杀了两次的女孩，每个人都推了她一把》，载于"芥末微报"2019年4月22日，访谈类节目《和陌生人说话》第2季第7集《我不是"神女"》，2019年4月3日，腾讯新闻出品）

需要注意的是，网络欺凌的匿名性与隐蔽性，往往使被欺凌者很难弄清欺凌者的身份，他们甚至不知道欺凌的源头在哪里，不知道是谁在欺凌自己，这种不确定性无疑会加剧他们的恐慌情绪和焦虑感，让他们无所适从，就像面对突然爆发的大规模传染性疾病，在缺乏有效药物治疗期间，各种恐慌、焦虑像潮水一般涌来，快要把人淹没一样。

所幸的是，王女士在经历了将近十年的网络欺凌后，终于开始利用法律武器维护自己的权利。但是，大多被欺凌者选择的是默默忍受，或者根本不知道如何利用法律武器维权，甚至最后因无法忍受而走上绝路。

二、手段:持语言之剑伤及无辜

2018 年 9 月,根据郭敬明同名小说改编的电影《悲伤逆流成河》上映。这部电影首次直面"校园欺凌"的主题,主要讲述了在上海弄堂里一起长大的一对年轻人齐铭、易遥在校园内外的情感纠葛,并在一次次的流言蜚语中卷入校园欺凌,最终以悲剧结尾的故事。电影中呈现的校园欺凌手段主要有孤立、诋毁、讥讽甚至恐吓。在网络欺凌中,这些手段一样也没落下,甚至还更加严重。

互联网技术、电子通信设备和各类软件越来越先进和多样,给我们的学习、工作和生活带来了巨大变化和诸多便利。然而,它们也给欺凌者提供了形式繁多的欺凌手段。总体上看,网络欺凌者主要采用即时信息、手机短信、电子邮件、人肉搜索、网络论坛、百度贴吧、博客、朋友圈、公众号等方式,对被欺凌者进行网络侮辱、网络盯梢、网络骚扰、披露隐私、网络诋毁、网络孤立等行动。

网络欺凌者通过手机短信、电子邮件、即时通信工具(如微信、QQ)、社交软件及其他电子通信工具直接发送侮辱或者负面定性的言论来伤害甚至威胁被欺凌者。这种方式是网络欺凌早期阶段最常使用的手段,通过各种途径获得当事人的联系方式后,以匿名或实名的方式向当事人直接发送大量中伤或者诋毁的信息。与此同时,也收集当事人家人、朋友、同学的联系方式,并向他们发送对当事人有害的信息,达到污蔑、排斥、孤立当事人的目的。不仅如此，为了形成更大的舆论声势，欺凌发起人还可能会号召身边的朋友和不明真相的网友参与有害信息的传播。这种手段以当事人及其所在各个圈子的熟人为传播目标，针对性强而又有直达的特征，能在短时间内在被欺凌者的各个圈子中形成对其有害的舆论。

在线评论、百度贴吧、人肉搜索、博客发文等方式显得更为可怕，可以在短时间内广泛而快速地传播，且传播范围突破当事人生活的圈层，理论上全球所有的网民都能看到。人肉搜索主要是通过匿名知情人提供数据的方式去查找特定人物信息或者事件真相的行为，是调动广大网民的力量去搜集信息和资源的一种方式。比如，我们想了解一个人，那么可以通过在论坛发帖的形式发起人肉搜索，也许正好有个网友认识你所要了解的那个人，那么他就可以通过回帖的方式把该人的信息公布在网上。人肉搜索或贴吧（论坛）提问，网民参与度高，具有"一人提问，八方回应"的特点，可能会有成千上万的网民参与其中，在短时间内让被搜索的人或事受到全国网民乃至整个世界的关注。如果说手机短信、电子邮件等更多偏向于在熟人社交圈里进行抹黑与攻击，那么人肉搜索、贴吧论坛等就将这种欺凌扩大到广大陌生网友那里了。

网络欺凌发起人通过人肉搜索、贴吧（论坛）提问等方式，利用众多网友提供的信息达到欺凌的目的，往往将当事人的生活、家庭、工作、联系方式等信息一一曝光，部分网民也从原来的旁观者转化为欺凌者，甚至从线上转向线下，通过各种方式骚扰、辱骂、恐吓当事人,轻则让他们不堪其扰,重则可能变成"杀人不见血"的子弹。前面提到的王晶晶女士遭遇的欺凌,就是通过学校贴吧开始的。从高中一直影响到她上大学,甚至对现在的家庭生活也造成了极大的影响。据中国传媒大学法律系副主任郑宁介绍,在"人肉搜索"事件中,网络用户在没有取得当事人的同意甚至在当事人不知情的情况下,公开发布当事人的相关信息甚至捏造虚假信息,侮辱、诽谤当事人,对当事人进行人身攻击,已超越了法律底线,严重侵害了他人的人身权利。"人肉搜索"涉及的法律问题包括民事侵权、刑事违法以及行政违法。[1] 由国家互联网信息办公室发布,2020 年 3 月 1 日起施行的《网络信息内容生态治理规定》明确规定,网络信息内容服务使用者和生产者、平台不得开展网络暴力、人肉搜索、深度伪造等违法活动。

资料链接

　　撒贝宁:在今天网络时代里,每个人都有可能成为键盘侠攻击的对象。

　　白敬亭:在这个言论自由的时代,让这个言论变成了伤害人的工具。

---

[1] 韩丹东、刘金波:《国家网信办发布新规禁止开展"人肉搜索"等违法活动 为网民营造清朗网络空间》[N],法制日报,2020 年 1 月 6 日第 4 版.

刘昊然:因为网民说话不用负责任,就可以去做任何事情,说任何话。

何炅:为了自己的某些利益,去强烈地表达某一种态度和观点。

撒贝宁:当一个人仅仅用情绪来思考和表达问题,而不是用理智和理性去分析和判断问题的时候,往往可能就已经不知不觉当中加入了键盘侠这个行列。每一个人只要你在网上,你就成为别人交流的目标和对象。这种交流有时候是善意的,有时候可能就是恶意的。

何炅:网民们不去听外界的声音,并不意味着网民们不听任何的建议或者说是指责。先是自省,然后如果自省,自己是没有错……

白敬亭:那纯粹恶毒的攻击就不要往心里去了。

何炅:不要在乎那些对你生命没有关注的人对你的任何评价。因为他不需要对你的人生负责任,而你要对你自己的人生负责任。

张若昀:希望大家的这种负面情绪越来越少,学会用自己的眼睛看世界。

撒贝宁:独立地思考问题,不是人云亦云地去宣泄情绪。

(选自《明星大侦探》第四季《逃出无名岛》,2018 年 11 月 2 日播出)

三、危害:虚拟世界隐藏的多方伤害

和现实生活中的传统欺凌相比,网络欺凌的监管监控难度更大。匿名性、隐蔽性、动态性等特征使得网络欺凌行为的取证非常困难,而它带给青少年的伤害虽然很严重,但更多的是心理和精神层面的隐形伤害,被欺凌者很难精准描述自己受伤害的程度,难以像身体欺凌那样能科学、精准地鉴定人体损伤的程度。同时,我国目前尚没有专门针对青少年网络欺凌的法规,而有关青少年网民权益保护的法规也比较简单,大多只涉及所要规范的主体内容和框架,缺乏细致而严密的实施细则,难以对错综复杂的网络欺凌事件进行精准规制,对参与程度不同的欺凌者进行有效惩罚。法律规制有限、道德约束缺乏强制性,加之参与者众多带来"法不责众"的心态,共同导致网络欺凌者打着"表达自由"的幌子游走在法律的空白或灰色地带。事实上,从长远看,网络欺凌不但伤害了被欺凌者,也潜在地伤害着旁观者甚至欺凌者。

首先,最容易理解的是对被欺凌者的伤害,这在前面分析网络欺凌角色的时候已有讨论。网络欺凌让受害人无处可藏,看起来仅仅是言语层面的攻击,但给受害人造成心理和精神上的伤害程度丝毫不亚于拳打脚踢给肉体带来的伤害,会造成自尊心受损、缺乏安全感、社交焦虑、精神抑郁等问题。同时,网络欺凌还能转化为线下的面对面欺凌,可能会导致同学圈、朋友圈、熟人圈对被欺凌者的集体疏离与孤立,使他们的学习、生活和工作环境恶化。前面提到的安医生因不堪忍受人肉搜索和网络暴力而被逼走上绝路,令人扼腕痛心。据《上观新闻》报道,安医生去世后,舆论反转,网友们对罗佳进行人肉搜索和网暴。他们不敢住在家里,在宾馆躲了两个月,"像过街老鼠人人喊打",白天不敢出门。罗佳晚上不敢一个人睡,半夜经常大汗淋漓,开学后也不敢回学校,"怎么去啊,网民到处在找我们,说杀人犯孩子在哪里? 马上就要开学了,我们到校门口去堵,潜伏到学校里收拾他 ……"肉体伤害在一定时间内经过科学治疗大多可以恢复,但是由网络欺凌带来的这些精神伤害却有可能伴随被欺凌者的一生,他们会因此不再相信别人、不再相信世界,甚至可能还会产生抑郁等心理疾病。前面提到的王晶晶女士也曾因网络欺凌患上了严重的抑郁症,甚至两度尝试自杀,她在《和陌生人说话》节目中谈到,收到录制节目的邀请时,"我还怀疑过,是不是有讨厌我的人,把我骗到这里的。已经完全不能相信任何人了。"在传统的面对面欺凌中,欺凌者和旁观者能感受到被欺凌者是一个活生生的人,也能看到自己欺凌的程度,在欺凌时还是有理智存在的,从而不会把事情闹得太大。然而,在虚拟的网络空间中,欺凌者往往将对方视为贴上了某个标签的符号,不能直接感受也漠视了对方也是一个鲜活的生命,也看不到对方到底被欺负到了什么程度,感受不到被欺凌者的痛苦,一旦开始或加入欺凌后便一发不可收拾,带来的伤害大多比传统欺凌更加严重。

其次,从长远看,网络欺凌也会给欺凌者带来隐形伤害。大家可能会产生疑问——网络欺凌怎么可能对欺凌者造成伤害呢?他们不是主动欺凌的一方吗?没错,单纯就欺凌事件来看,确实很难说欺凌者受到了伤害。如果我们拉长时间线,用更宽阔的视野来分析,就能感受到这种隐形的伤害了。不少网友把网络视为情绪的表达场所,他们在那里摆脱了现实生活中的各种束缚,沉浸在他们营造的狂欢中,很容易在不明真相的时候跟着其他网民一起进行从众性欺凌,站在道德制高点去批判别人、辱骂别人,以此宣泄自己的情绪,获得片刻的存在感和快感,而在给被欺凌者造成伤害后就一哄而散,"你承受你的精神创伤,我继续我的下一场网络欺凌"。刚开始的时候,网友跟着别人去欺负另外的人,可能会觉得好玩,能够获得一种扭曲的满足感和快感,但在这个过程中他们可能会一次次突破道德底线,一次次做出更恶劣的欺凌,难免会一次次触碰法律的红线。如果被欺凌者善于使用法律武器维护自己的权利,欺凌者也必将受到法律的制裁。我们都知道,青少年时期是习惯养成和心智形成的重要时期。一次又一次的网络欺凌,难免会对欺凌者的思维方式、心理特征、理解能力、判断标准、霸凌心态、语言习惯等产生持久而深刻的影响。基于欺凌者角色形成的习惯和心智显然不利于青少年的成长和今后的发展,他们很可能会将霸凌的心态、攻击性的性格、嘲讽与谩骂的习惯运用到现实生活中,与他们相处的人可能随时会受到他们的嘲讽和语言攻击，最终的结果很可能是"狂到没有朋友"，食下难以融入各种社交圈的"伤人伤己"的恶果。

最后，对于网络欺凌的旁观者而言，其实也是一种伤害。旁观者在网络欺凌发生时独善其身、冷眼旁观，始终维持一个"看客"的身份，看似没有受到任何伤害，其实不然。当他们面对网络欺凌事件时，没有对被欺凌者采取任何帮助，内心没有丝毫的波澜或道德愧疚感，往往会被贴上冷漠的、麻木不仁的、自私的标签。如果欺凌行为产生了不可逆的严重后果，有良知的旁观者也常常会陷入深深的自责与内疚当中，后悔当时没有站出来做点什么。同时，目睹了欺凌过程的旁观者，在今后的生活、学习和工作中会更加小心翼翼，以免有朝一日欺凌降临到自己的头上，也更容易产生相关的心理问题。总之，网络欺凌就好比一个旋涡，将在场的所有人都卷入其中，没有人能毫发无损地全身而退，即便你只是一个沉默无言、什么都没干的旁观者！

第三节　网络骂战

◊ 你知道吗？

　　在人民论坛杂志进行的"中国网民心态成熟度调查"中，在问及面对网络骂战的态度时，39%的网民表示会"围观"，14%选择"感兴趣的参与"，9%选择"积极参与"，这说明网络骂战依然吸引着不少网友的注意力及兴趣点，而32%的受调查者"不参与"表明了一部分网友对网络骂战"暴力舆论场"的无声抵抗。

　　（人民论坛问卷调查中心、王慧：《近七成网民自认心态"不太成熟"——中国网民心态成熟度调查》，载于《人民论坛》2011年第25期）

　　网络骂战，是在网络空间中讨论某个话题或某个人及群体的过程中引发争议后，迅速形成了对垒的两个或多个阵营，各阵营间用抹黑揭短、谩骂攻击等方式取代了理性的探讨和合理的争论，使争论的主题偏离正常轨道，为反对而反对，为抵制而抵制，在群里"互骂"、在论坛上"对喷"、在微博上"互挂"，争得你死我活,骂得脸红脖子粗,甚至极尽辱人之能事,出现无下限的撕缠谩骂、人身攻击等非理性行为,许多在线下被禁止的污言秽语也开始在对骂互喷中恣意横行。更有甚者,网上骂战还不解气,还进一步演变为线下"约架"。为此,网络上还出现了一个专门用于描述网络骂战的热词"撕X"。这个热词虽有失文雅,但"撕"在隐隐中暗含的那种一刀两断的决绝,倒也把网络骂战的情形传递得形象而逼真。

那么,是什么原因导致网络骂战频频出现,你方骂罢我登场呢?

一、网络追捧:用热点滋生网络骂战的温床

(一)网络追捧:发现与制造热点

什么是网络追捧呢?

给大家举个小例子,有段时间《延禧攻略》特别火,就算没看过肯定也听过。《延禧攻略》如此火爆,以至于经常成为微博、头条、抖音、论坛、贴吧等各大网络平台及网站的常客。因为频繁霸占热搜,它被网友们称作"一部在微博热搜里就能看完的电视剧"。更有甚者,在《延禧攻略:服饰制作特辑》公布后,大量网友针对此剧的幕后制作进行了一番探讨,淘宝等购物类网站的不少卖家也纷纷推出了"魏璎珞同款""富察皇后同款"等。电视剧《三十而已》播出后也一炮走红、热度飙升。2020 年 7 月中旬

到 8 月初,微博上出现了约 120 条带有"三十而已"剧名以及"顾佳""王漫妮""林有有"等主角名的热搜。

微博热搜,主要根据关键词的搜索频次对用户在微博上搜索获取信息的行为进行热度排行,是对确定的相关指标加权计算后自动生成话题热度星级和实时热度排行。微博热搜便是网络追捧热点的典型代表。简单来说,网络追捧就是网站或各平台为了追求更多的点击量和流量,运用一定的技术与机制去甄别、发现与制造热点,或不遗余力地跟热点、想方设法地蹭热点,利用大家都在关注的话题去满足或迎合网友的需求。这就意味着,受到各大网站和网络平台追捧的内容,更容易成为网络热点。

(互 动)

平常上微博,你是刷微博热搜榜较多呢,还是自己搜索得多?

我想,大部分同学应该是刷微博热搜多吧。

热搜之所以称为"热搜",首先在于有热度,是大家都在搜索关注的内容。既然如此,身边的小伙伴们都在聊的话题我不知道岂不是显得有点无知,显得不太合群? 所以很多网友不仅关注热搜话题,还要尽量比身边的朋友快一步去关注,以不落后于自己的小伙伴。我们身处网络发达的时代,网上信息太多,但我们的精力和注意力都十分有限,很难有足够的时间耗费在信息搜集上,而热搜榜正好在一定程度上解决了这个问题。它直接为我们筛选出大家都在搜索关注的高热度信息,还进行了热度排名,为我们提供了便捷、快速的热度信息获取渠道。热搜上也会经常存在一些莫名其妙的话题或者完全看不懂的热梗,但大部分网友都存在一种吃瓜心理,俗称"看热闹不嫌事大",好奇心不断催使着他们点进热搜围观"吃瓜"。可以说,热搜是当下网民获取热点信息的重要途径,是反映网民公共讨论议题的"晴雨表",在一定程度上也是反映网民舆情的"风向标"。

刷热搜已成为不少网民的一种文化生活方式。2018 年 1 月 27 日 21 时至 2 月 3 日 21 时,微博对"热搜榜""热门话题榜"等产品进行下线一周的整改。刚开始,许多网友表示"热搜不在的日子里,刷微博无比爽快""微博热搜关闭整改一周,感觉世界都清净了""终于不用再看那些明星绯闻了"……但是才过了三天就有人按捺不住连声抱怨:"没有了热搜都不知道刷微博要看什么了""没有了热搜感觉整个世界都空白了"。虽然没有热门、热搜,微博明显清静了许多,但网民们却觉得有些不习惯了,心里变得空落落的,甚至还有网友说自己都无法正常社交了。有网友较为理性地说:"微博热搜消失的第三天,一时间感觉无聊,不知道干什么来打发时间,也不知道外界发生了什么,不过可以肯定的是 —— 我的生活回来了。"网络对热点的制造与追捧,给我们生活带来的影响由此可见一斑。

(二)热点带来围观,围观引发争议

网络追捧的热点必然会带来广大网友的围观。首先,我们需要看到网民的围观具有强大的力量。聚沙成塔、集腋成裘,一个个网友的围观能够实现成千上万人的目光聚焦,汇聚成一束束强有力的探照灯,通过见证与关注形成一股股监督的力量,让原本在黑暗处无人关注或被蓄意掩盖的东西变得可见。同时,网友在对热点的持续围观中也能带来舆论的不断发酵,他们的观点也能积聚成网络舆论,推动多方力量参与事件,深入挖掘,探寻事件的前因后果,最终促使真相公开或事件妥善解决。

然而,同样不能否认的是,围观也很有可能引发争议。不难理解,当庞大的人群凑热闹都凑到一块去时,争吵很难避免。每个网民的成长环境、社会经历、知识结构和群体属性不尽相同,他们的世界观、人生观、价值观、文化背景、对事物的立场观点及看法、心理特点和性格各有差异,导致他们对同样信息的理解和反应方式千差万别。所以,对同样的热点信息,围观的人多了,不同的声音也就多了,大家都要争相证明自己的观点是对的,都不愿意接收与自己固有的价值体系和既定的思维方式相抵触的信息和观点,愈争愈烈的结果便是向网络骂战方向发展。正是从这个意义上理解,网络追捧所发现和所制造的热点,滋生了网络骂战的温床。

二、网络从众:理智的小船说翻就翻

（一）从众:屈从群体压力的"随大溜"

不能否认的是,网络骂战受到了网民从众心理的影响。

从众是一种非常普遍的社会心理和行为现象。简单地说,从众就是个体屈从群体压力的"随大溜""人云亦云"。下面,让我们进入著名的阿希实验,感受一下从众效应。

互 动

现在我们假定你是实验对象。请判断 ABC 三条直线中,哪一条同 X 这条直线的高度最接近?

这个判断对你来说是很容易的,显然 B 线是正确答案,而且当你要回答时,你肯定会说是 B 线。但现在并没有叫你回答,而是先叫了别人。

第一个人仔细看了看,回答说:"A 线。"

他的回答使你惊讶地张开了嘴,怀疑地看着他,并且自言自语:"他怎么会认为是 A 线呢! 他一定要么是瞎子,要么是一个疯子。"

现在轮到第二个人了,他也选择了 A 线。这时你开始感到自己好像仙境中的爱丽丝。"怎么可能呢?"你问自己,"难道两个人都瞎了或疯了?"

但是,当第三个人同样回答是 A 线时,你就会重新看看这些直线。"可能我才是唯一脑子糊涂的人吧?"你默默地念叨着。

现在轮到第四个人了。他也判断 A 线是正确的。这时你会出一身冷汗。

最后,轮到你了,你声明说:"当然是 A 线,我早就知道了。"

(转引自李彬:《传播学引论(增补版)》,新华出版社 2003 年 8 月第二版,第 281—282 页)

这段叙述是 E. 阿伦森教授对阿希从众实验所做的生动而真实的描绘。在这项实验中,33% 的实验对象都跟着群体选择了错误的答案,76% 的实验对象至少做了一次从众的判断。人从众的心理在这项实验中展现得淋漓尽致,群体压力使实验对象放弃了明白无误的选择。

美国作家詹姆斯·瑟伯对从众现象有过传神而有趣的描写:

突然,一个人跑了起来。也许是他猛然想起了与情人的约会,现在已经过时很久了。不管他想些什么吧,反正他在大街上跑了起来,向东跑去(可能是马拉莫饭店,那里是男女情人见面的最佳地点)。另一个人也跑了起来,这可能是个兴致勃勃的报童。

第三个人,一个有急事的胖胖的绅士,也小跑了起来……十分钟之内,这条大街上所有的人都跑了起来。嘈杂的声音逐渐清晰了,可以听清"大堤"这个词。"决堤了!"这充满恐惧的声音,可能是电车上的一位老妇人喊的,或许是一位交通警说的,也可能是一个小男孩说的。没有人知道究竟是谁说的,也没有人知道真正发生了什么事情。但是两千多人都突然溃逃起来。"向东!"人群喊了起来,东边远离大河,东边安全。"向东去! 向东去!"

一个又高又瘦、目光严厉、神色坚定的妇女从我身边擦过,跑到马路中央。而我呢? 虽然所有的人都在喊叫,我却不明白发生了什么事情。我费了好大劲才赶上这个妇女,别看她已经快60了,可跑起来倒很轻松、姿势优美,看上去还相当健壮。"这是怎么了?"我气喘吁吁地问她,她匆匆地瞥了我一眼,然后又向前面望去,并且稍稍加大了步子,对我说:"别问我,问上帝去!"

(转引自李彬:《传播学引论(增补版)》,新华出版社2003年8月第二版,第277—278页)

这是一个典型的从众行为场景。所谓从众,就是个人在群体的引导和压力下,怀疑并放弃自己原有的认识和判断,使自己的观念或行为遵从群体意见并向与多数人相一致的方向发生变化。

在日常生活中,从众是一种"既然大家都这么做,那我也跟着这么做"的一种普遍心理现象。事实上,大家可以回顾一下,在自己成长的历程中,各种从众行为是不是无处不在、无时不有? 读小学的时候,看到自己的小伙伴们都买了某个好玩的玩具,是不是回到家后也要挖空心思、费尽力气让爸妈答应给自己也买一个同款的。在班会上,要举手表决一个人或一件事情,其实你的内心是拒绝的,刚开始你的态度也是很坚决的,但当你小心翼翼地环顾四周,发现同学们都举手赞成时,是不是会有如坐针毡的感觉,觉得大家的眼睛都齐刷刷地盯着自己看,最终也在心不甘情不愿中举起了你的右手。快期末考试了,原本周末准备约几个小伙伴去逛个街、打个电游,但打完一圈电话后,小伙伴们都说快考试了要复习时,你是不是也会拿起笔记开始复习。人类是社会化的动物,只有与群体中的多数意见和行为保持一致,才不会遭受群体成员的冷落和孤立。也就是说,只有从众才能被群体成员所接纳,才能更好地融入群体。产生从众现象的另一个原因在于,人们倾向于认为多数人意见的正确性概率要大于少数人,所以在模棱两可、拿不定主意的情况下,也更容易按照多数人的意见行事,以降低自己行为的风险。有人的地方就会有群体,有群体的地方就会有从众现象,所以网络空间中也不可避免地会存在着从众现象。

(二)网络从众:用"站队"代替思考

网络从众首要的表现就是每当有争议的热点事件或问题出现后,网友总是根据自己已有的立场、观点、价值体系、意图等习惯性地先"站队"或者结盟,形成相互对垒的两个或者多个阵营,只要不拥护自己所在阵营的观点,哪怕也不拥护反方阵营的观点,都有可能被一棍子打入敌对阵营。譬如,两个明星在微博上公布结婚喜讯，网友们很可能立马分成两派，一派选择祝福这对新人，另一派则是不看好这对新人，从而引发激烈骂战，瞬间将这一消息送上热搜榜。"站队"式的从众可直接体现为以非友即敌的心理对与自己立场不同的网友进行语言攻击，也体现为通过点赞、评论、转发、打赏等行为表达对所支持立场的认同、接纳和赞赏。在"队形"成形的过程中，受群体压力和从众心理的双重影响，原本没有立场、没有自己明确观点甚至对事件还缺乏基本了解的网民也很有可能"随大溜"地加入某个阵营，成为它的追随者甚至进一步发展为造势者。

在网友从众"站队"的过程中，还伴随着与事件相关的网络流行语的广泛运用与传播，伴随着对同一话题的大规模转发和大量无意义的跟帖，伴随着的还有以"站队"代替思考、以"站队"回避交流的批评与骂战。在从众心理和"站队"思维的影响下，网友缺乏尊重不同观点的包容精神，缺少深入分析与理性沟通的自觉，往往是"站队"思维之下的立场先行，被"站在这边还是那边"这只无形的手所控制，并选择以情绪化的偏激言论压倒对方。"在站队过程中，原本严肃的话题反而被搁置，人们最想做的不是深入分析这个话题，而是压倒对方，以显示自己的良心、思维和优越感。当站队时，人们最在意的是，自己的观点是否是胜利的一方，而不是真相是什么，观点是否立得住脚。"[1]

---

[1] 李砺强. 舆论习惯性站队在意的不是真相［N］. 中国青年报，2015-07-22（002）.

（三）避免网络从众：做回你自己

互 动

你会选择以下哪种行为方式呢？

情境一：在朋友圈看到有关抵制韩国乐天商场的文章。

A. 看一眼而已，了解一下这件事就好。

B. 点赞转发或评论"不转不是中国人""强烈抵制乐天"。

情境二：看到韩剧粉夸赞最近新出的火热韩剧或者大长腿欧巴，贬低国产剧。

A. 可以理解，毕竟有些韩剧确实比国产剧好看。

B. 看不惯他们这种贬低自国抬高他国的做法，与他们争论甚至开骂。

情境三：看到一张中国大妈坐在地上对面站着一外国男子的图片，配有网友说的话"北京大妈碰瓷老外"。

A. 理智看待，等待事实真相。

B. 和网友一起骂中国大妈。

如果你都选择 A，那么恭喜你！你还没有被网友偏激的观点影响自己的判断或情绪。如果你选择了 B，那么很遗憾地告诉你，你已经受到了从众心理或者"站队"思维的影响，已或多或少地被网友的观点所左右。那我们在网上如何才能避免盲目从众呢？

首先，要努力培养理性的思维。在面对纷繁的热点信息和裹挟着情绪的观点时，要提醒自己冷静一些，尽量保持一种理性的状态，先进行一个独立的思考和理性的评判，然后再决定是否发表观点、发表什么观点等。例如刷知乎时，我们不妨先看看所提的问题是什么，了解提出问题的背景信息，然后做出自己的分析判断，而不是看到评论区的观点就直接怼上了。当然，培养理性思维是一个长期的过程，需要养成思考的习惯，需要以拥有充沛的知识量为基础，需要培养逻辑思维能力，需要掌握"感性等一等理性"的情绪管理技巧等。

其次，要有质疑精神，不要人云亦云。简单地说，就是不要不加思考地就随便相信网上的言论，要在掌握信息和理性思考的基础上形成自己的独立判断。网上有一些"钓鱼"写手，热衷于写刻意留有破绽的谣言文章，为了让文章看起来有理有据，读起来更有说服力，常引用大量的历史材料进行佐证，运用相关的理论进行阐述。如果我们没有质疑精神，就很有可能盲从盲信里面的观点或学说了。对于青少年朋友而言，可能当下掌握的知识和甄别信息的能力有限，也没有足够的时间和精力去辨析和评判，那我们可以适当地保持沉默，克制一下自己表达的欲望，不要盲目地去点赞、转发和发声。

最后，如果可以的话，远离网络是非地。从根本上说，"从众"

是每个人都无法摆脱的一种本能。当我们卷入或者被裹挟到网络骂战的场景中，很难做到毫发无损地全身而退。所以，远离网络是非地，回归现实多读书，积累知识练本领，是彻底摆脱网络从众、诀别网络骂战的一个理想方法。在此，把我国著名学者、作家周国平的两段话送给广大青少年朋友："对今天青年人的一句忠告：多读书，少上网。你可以是一个网民，但你首先应该是一个读者。如果你不读书，只上网，你就真成一条网虫了。称网虫是名副其实的，整天挂在网上，看八卦，聊天，玩游戏，精神营养极度不良，长成了一条虫。…… 互联网是一个好工具，然而，要把它当工具使用，前提是你精神上足够强健。否则，只能是它把你当工具使用，诱使你消费，它赚了钱，你却被毁了。"[1]

三、放逐自我：一言不合就开骂

资料链接

    针对"五道杠"事件，抽取天涯论坛中的一篇主题帖对网友的回帖进行统计和语义上的分析发现，在 625 个回复中，约有 78% 的回复是非理性的谩骂和攻击，约有 8% 的回复是事件的相关信息，约有 3% 是无意义的回复，1% 是无关联回复。而

---

[1] 周国平 . 好读书与读好书 [J]. 政策，2012（01）：90-92.

在 78% 的谩骂和攻击中，有 82% 的倾向是在批评"五道杠"少年的父母和当地政府。

（周立春：《从"五道杠"事件看网民的从众效应》，载于《东南传播》2011 年第 10 期）

非理性谩骂与攻击的回帖为何会这么多？除了前面提到的网民从众"站队"外，还因为在多种因素的共同作用下，身在网络空间的部分网民容易放逐自我，出现一言不合就开骂的非理性行为。

（一）心态不成熟下的自我放逐

在人民论坛杂志进行的"中国网民心态成熟度调查"中，41%的受调查者认为网民心态"不太成熟"、26% 的受调查者认为"不成熟"，仅有 2% 的受调查者认为网民心态"非常成熟"。也就是说，近七成网友认为网民心态"不太成熟"。[1] 越是心态成熟的人，越能够与世界和谐相处。相较而言，心态不成熟的人，往往更难控制自己的情绪，更倾向于感情用事，更喜欢争辩；越不成熟的人，骨子里要么自卑，要么傲慢，前者因轻视与怀疑自己更容易产生从众行为，后者太过于看重自己而忽视其他人的价值。这就意味着，心态不成熟是部分网民在网络空间中放逐自我、参与骂战的重要原因。

---

[1] 王慧 . 近七成网民自认心态"不太成熟"——中国网民心态成熟度调查[J] . 人民论坛，2011（25）：50-51.

对于青少年网友而言,大家还处于社会化的过程中,无论是心智还是心态都不是很成熟,更容易受到网络空间中群体情绪和群体压力的影响,加上自我表现的欲望和自我表达的诉求往往也更强烈,在潜意识中会更多地按照网友的期望和评价来调整或决定自己的行为,很容易卷入网络骂战中。

(二)心理补偿机制下的自我放逐

简单地理解,心理补偿是指当个人因为主观或客观原因引起心理上的不安、痛苦而无法调整或减轻时,借用其他方式来减轻或抵消不安、弥补或转移痛苦的一种心理适应保护机制。积极的心理补偿有助于保持心理稳定,不至于"抓狂"。往深里说,还是一种心理保护机制,能够防止心理"痛死"。

在现实生活中,我们会受到许多规则的约束、交流的对象和话题十分有限、获得的话语空间也相对比较狭小。网络空间则完全不一样,它能让我们获得一种在现实生活中很难获得的平等、自由与归属感。在那里,我们能够找到理想化的交流对象。前段时间,抖音上的一段采访获得了千万级的点赞,其实内容十分简单。采访者问一个美女:你觉得男人一个月多少工资可以养活你?而这位美女回答:能带我吃饭就好了。答完后,她用一个甜甜的笑暖到了每个男性网友的心。于是,网上炸开了锅,许多网友叫她小甜甜,纷纷点赞转发,还有许多网友留言说要去请她吃饭。之所以会出现这种现象,在于很多网友在现实生活中很难碰到这样的"小甜甜",通过这个抖音视频找到了期待的交

成都小甜甜说能带我吃饭就好了

流对象,并通过点赞转发来表达自己的愿望。

在网络空间,我们可以隐藏自己的真实身份,用 ID 去与人交流,这使得我们拥有了相对平等的地位,也消除了现实生活中的许多顾虑,敢于说出自己内心的真实想法。我们可以根据自己的兴趣或想象找到属于自己的群体,收获在现实生活中难寻的志同道合的朋友,能够按照自己内心本来的意愿与人交往。这些都使我们在网络空间中能够比较容易地获得在现实生活中很难获得的满足感。例如,一打开微博,铺天盖地的都是支持或者反对某人,你不用知道发生了什么事情,只要跟着说一句支持或反对、点个赞或骂句脏话,就可能会有不少人给你点赞。没有比这更容易获得别人认同或支持的方法了吧?

正是因为网络空间能以极其便利的方式和接近零的成本给众多网友带来心理补偿,当网友在现实生活中因各种矛盾、压力、不顺心而导致内心焦虑与痛苦时,便很容易到网络空间去寻找心灵慰藉、转移心理痛苦和获得心理补偿。随之而来的,原本在现实生活中的"抓狂""发泄"等也被带到了网络空间,甚至通过加入网络骂战等极端方式来缓解情绪、转移痛苦。有调查显示,27% 的网民参与网络骂战的心态"纯粹为了现实压力的发泄,缓解内心焦虑"、24% 的网民"就是凑个热闹"、17% 的网民"为了利益进行恶意攻击"。[1]

[1] 王慧 . 近七成网民自认心态"不太成熟"—— 中国网民心态成熟度调查 [J] . 人民论坛,2011(25):50-51.

（三）网络议事礼仪与程序缺失下的自我放逐

先让我们想一想，在现实生活中我们是怎样讨论事情的？稍微复杂一点的流程，是提前一段时间明确讨论的主题，然后大家各自通过看书、调查、征求意见等途径做好发言准备。到了规定的时间，会选择一个具体的讨论场所，来到约定的地方按照一定的秩序落座，可能还会有一个主持人，有一个开场白。然后，大家按照事先约定或者临时就座的顺序一一发言，并在主持人的主持下有序地进行讨论。在他人发言的过程中，善于倾听他人的观点、不随意打断他人的发言，往往被视作基本的沟通礼仪。在发言结束后，不少人往往还会加上一句："以上是我个人的观点，还很不成熟，欢迎大家拍砖。"在针对他人的观点发表意见前，往往要先给予一定程度的肯定，结束时可能还会补上一句，"以上纯属个人建议，有不妥之处，还请见谅"。在现实生活中，这些贯穿于交流前、交流中甚至交流结束后的礼仪性议事程序或者规则，为大家提供了稳定的交流空间，能让各种意见得到充分的表达，也能把争议控制在一定范围内，确保交流能够理性而有序地进行。当然，现实生活中的很多交流和讨论并没有这么烦琐的程序，但基于面对面交流的一些基本程序与礼仪也都是存在的，且在交流过程中能通过对方的表情、动作、姿势、副语言等非语言符号直接感知对方的情绪，都有助于将交流控制在理性的范围内。

回到网络空间，恐怕很难说存在着这样礼仪性的议事程序或者规则,即使有也只存在于特定的平台或版块。网友们往往是大概率地迎面碰上各种争论,没有时间让你去了解真相,也没有时间让你去深入思考,带给你的是"站队"表态的紧迫感和从众的压力感,紧接着是融入没有议事规则存在的网络集体狂欢中。群体极化效应告诉我们,原本存在某些倾向的群体,在经过群体讨论之后,这种倾向会进一步增强而不是减弱。在群体极化和群体情绪的影响下,网友所"站队"的群体内部原有的倾向越来越强化、越来越偏激,甚至走向"不拥护我们就是我们的敌人"的极端状态。正如群体心理学的创始人勒庞在《乌合之众》中所揭示的:"群体只知道简单而极端的感情。提供他们的各种意见、想法和信念,他们或者全盘接受,或者一概拒绝,将其视为绝对真理或绝对谬论","通过暗示和传染过程而非常迅速传播,它所明确赞扬的目标就会力量大增"[1]。网友在这样的群体里面,暂时忘记了责任感,遗忘了现实生活中塑造的礼仪和规则,甚至个人的利益和目标也同时消失了,获得的是宣泄情绪、发泄欲望的力量。他们被群体的情绪和观点所裹挟,作为群体中的一个"无名氏",在循环反复的口水仗和不断壮大的阵营中逐渐丧失了理性,陷入情绪化的网络骂战和网络宣泄中不可自拔。

分析到这里,我们可以说网络骂战的形成是多种因素共同作用的结果,不能简单地归咎于参与骂战的网民素质差,但这也不

[1] 〔法〕古斯塔夫·勒庞. 乌合之众:大众心理研究[M]. 冯克利译. 北京:中央编译出版社, 2005:36,33.

能说明网络骂战的存在是合理的、参加网络骂战是必然的。网络骂战以攻击谩骂取代理性探讨,非但无助于问题的解决,在群体极化的影响下,双方的观点越来越偏激,极化到水火不相容的地步,会致使战火不断升级,甚至演变为线下的集结与冲突。同时,网络骂战还会产生侵权的隐患,如果诉诸法律,一旦构成名誉侵权,就需承担赔礼道歉、赔偿损失等相应的法律责任。可能有青少年朋友会说:"他先骂我,我后骂他,我这是正当防卫。"对此,法院在对一起微博骂战的判决中有特别解释:"别人先骂我,我后骂他,不算正当防卫""因为正当防卫一般限于严重的、紧急的侵害行为,网络侵犯名誉权的行为显然不在此列。甲骂乙,乙应通过法律途径维护权利。乙若'以其人之道还治其人之身',则同样构成侵权。"[1]

---

[1] 舒圣祥.别让网络骂战浪费司法资源[N].深圳商报,2015-06-26(A02).

第四节　网络谣言

互 动

2020 年,你是否在朋友圈看到过以下谣言?

1.粮食短缺,赶紧囤米抢油。

谣言样本:"受疫情影响,国内粮食短缺,要赶紧囤米抢油。"

2.2020 庚子年之灾。

谣言样本:庚子年多灾多难,"地球引力场/磁场紊乱""地质/气候大灾难"等言论在各大平台传播。

3.大蒜水、白酒可以杀灭新型冠状病毒。

谣言样本:网上流传一则"偏方",吃大蒜、喝高度白酒可以消灭新冠病毒,效果胜过其他防疫用品。

4.蚊蝇可以传播新冠病毒。

谣言样本:蚊蝇可以通过叮咬人类或其他动物传播新冠病毒。

5.钟南山院士前往某地协助疫情防控工作。

谣言样本:"钟南山院士落地成都""钟南山已抵新疆乌鲁木齐抗击疫情""钟南山前往欧洲指导他国抗疫"等消息在网上相继涌现。

6.香油滴在鼻孔,可以阻断一切流感和瘟疫传播。

谣言样本:"每天出门前用棉签蘸点小磨香油,滴进两个鼻孔内,轻捏几下即可",这种做法可以阻断一切流感和瘟疫的传播。

7.大盘鸡、烧烤、凉拌菜被艾滋病毒感染。

谣言样本:网上的一则"紧急通知"称:"近期有人在恐怖势力的指挥下,涌进全国各个城市,把艾滋病感染者的血滴到食物里。"

8.电吹风强档对口罩、面部和手部吹 30 秒就能消毒。

谣言样本:"用电吹风吹口罩、面部和手部 30 秒钟就可以消毒",更有升级版称"此法可让口罩反复使用"。

各位青少年朋友,上述谣言有没有眼熟的感觉? 你及你家人的朋友圈、微信群出现过几条呢?

一、网络谣言:从古老的媒介一路走来

(一)什么是谣言?

谣言,大家应该都不陌生。在现实生活中,我们应该都不同程度地遭遇过大大小小、形形色色的谣言。在法国学者让－诺埃尔·卡普费雷的眼里,谣言是世界上最古老的大众传播媒介。不论是我们社会生活的哪一个领域,谣言无所不在。[1] 谣言就好比

---

[1] ［法］让－诺埃尔·卡普费雷.谣言:世界最古老的传媒［M］.郑若麟译.上海:上海人民出版社,2008:1.

大自然中的病毒,自古以来便生生不息,不仅种类和数量繁多,而且也具有很强的"传染性",令我们"伤神"不已!

那么,究竟什么是谣言呢?在《现代汉语词典》里,谣言被定义为"没有事实根据的消息"。较为广泛使用的概念是,没有相应事实基础,却被捏造出来并通过一定手段推动传播的言论。按照这个定义,我们先做一个小测验。

互 动

请判断,小李最后从陈小姐那里获取的信息是不是谣言?

小李因为感冒吃药导致自己状态不佳,昏昏欲睡。早上他在上班途中,不小心被路过的摩托车撞了一下。他想到自己的状态如此不好,又碰到了"车祸",还不如干脆回家休息算了。

于是,小李打电话请假:"钱科长,我有点感冒,刚才又被别人的摩托车撞了,大腿擦伤点皮,走路一拐一拐的。我想请两天假。"

钱科长向孙经理报告:"我们科的小李早上被摩托车撞了腿,似乎有点严重,请了假。"

孙经理回去跟老婆李阿姨说:"你的电大同学小李给摩托车撞伤了大腿,挺严重的。"

李阿姨和邻居周婶说:"你听说吗,你的远房亲戚小李给摩托车撞了,好像是大腿粉碎性骨折。"

周婶和吴姨说:"知道吗,小李给车撞坏了,听说都动弹不得啦。"

吴姨悄悄地跟郑叔说:"老郑,跟你说个新闻:那个小李听说给车撞了,都成植物人了。"

郑叔透露给王大妈:"听说小李给车撞惨了,都活不了几天了。"

王大妈告诉冯大姐:"小李的命真苦。年纪轻轻的,就给车撞死了。"

第三天,小李如期回单位上班。刚上楼,碰到同事陈小姐。

陈小姐大惊失色:"哎呀! 你是人是鬼? 你不是早就给车撞死了吗?"

小李给她吓了一大跳,一步没站稳,滚下楼梯,当场将右腿摔断。

(资料来源于百度文库分享的传播学课件)

在这个案例里面,最先从小李那传播出去的信息,转了一圈又回到了小李那里,只是已经面目全非了,变得小李自己都不认识了。小李也万万没想到,他最先传播出去的"被别人的摩托车撞了,大腿擦伤点皮,走路一拐一拐的"这条信息,在传播过程中每次都被不同的人把伤情说得更严重一点,最后就变形为"给车撞死了",并最终回流到了他那里,导致产生"当场将右腿摔断"的悲剧。这就像不少朋友都玩过的"传话游戏"一样,纸条上的内容在由第一个人悄悄传给第二个人、第二个人再传递给第三个人的依次传递过程中,会发生失真或变形,往往最后一个人描述出来的内容与纸条上的内容会存在一定的差异。玩过这个游戏的朋友都能理解,或因为紧张,或因为瞬间记忆误差,或因为发音不标准,或因为理解不准确,信息在一次次传播的过程中会逐渐偏离原来的模样。回到小李这里,钱科长、孙经理、李阿姨、周婶、吴姨、郑叔、王大妈、冯大姐、陈小姐等每一个人在传播信息时,应该说都是有一定事实根据的,而且也很难说他们在传播时存在恶意的动机。所以,很难将他们认定为是在传播谣言,把这个过程视作一种流言现象更加恰当。

看来,我们要弄清什么是谣言,还得弄清什么是流言。流言是一个与容易唤起一般人重视、关心或兴趣的特殊事件或敏感话题有关,其确定性未经证实而又被广泛传播的特殊消息。虽然有的流言后来被证明属实或证实为虚假,但在被称为流言的阶段,它的真实性是不确定的。谣言可以看作一种特殊流言,是事后通过客观调查、权威判断、司法鉴定、取得理性共识等,认定它是有主观恶意、虚假陈述、人为操控、造成严重不良社会后果的流言。

说到这里,我们可以总结出,一个谣言的形成需要具备这样一些条件:一是得到了广泛的扩散和传播,对一个人撒谎或者小范围交流不能算造谣;二是主观上具有恶意或者攻击的意图,所谓不信谣、不传谣,背后隐含的逻辑就是谣言是虚假的、有害的,甚至是可恶的;三是已证实为虚假的,否则也不能称其为谣言。

同时,作为一种特殊流言,起源于某一重要的或广大公众关注的事件或问题,而事件或问题本身是扑朔迷离、含糊不清的,也是产生和传播谣言的重要条件。[1]我国司法界的认识是,谣言是一种生活用语,在法律上叫"虚假陈述"。在现实生活中,简单地理解我们当下所说的谣言,通常相当于传播谎言,是有意识地传递自己都不认可的信息。[2]

(二)防不胜防的网络谣言

谣言作为一种古老的信息传播形式,生命力极其顽强。从口语传播到今天的信息社会,人类传播经历了口语传播、文字传播、印刷传播、电子传播四个发展阶段,谣言不但没有因为传播媒介不断丰富、社会信息系统不断发达而销声匿迹,反而乘着越来越先进的媒介技术的"翅膀",滋生和传播的速度更快,形式更"专业",更具有迷惑性,让我们防不胜防。对此,卡普费雷评价:"在出现文字之前,口传媒介便是社会唯一的交流渠道。谣言传递消息,树立或毁坏名声,促发暴动或战争。报纸和后来的无线电广播的问世,以及最后视听设备的急剧发展,都未能使谣言烟消云散。尽管有了大众传播媒介,人们仍继续以口传媒介的方式获取一部分信息。大众传播媒介的出现远

---

[1] 胡范铸,徐锦江,刘宏森,陆新和.流言?谣言?谎言?——从莎草纸到互联网,语言如何改变我们[J].青年学报,2020(02):80-88.

[2] 郭庆光.传播学教程(第二版)[M].北京:中国人民大学出版社,2015:86-87.

未能消灭谣言,它只是使谣言更加专业化而已。"[1]

资料链接

> 网络流传甚广的"塑料紫菜"谣言导致全国最大的紫菜产地福建省晋江市的紫菜产品销量暴跌,当地紫菜产业几乎遭遇灭顶之灾。2015 年曾经传出"毒草莓"谣言,致使当年全国多个地方的草莓滞销。2016 年,"娃哈哈等饮料含肉毒杆菌易引发白血病"这一网络谣言,也让娃哈哈集团损失惨重。
>
> 网络上充斥的谣言还不仅仅是这些。黄继光堵枪眼是否真实存在,火烧邱少云违背生理学,质疑"二万五千里长征"的真实性,这些网上抹黑英雄、散播历史虚无主义的谣言,更是一度流传甚广。同时,网络上侵犯个人合法权益的谣言也是不断涌现。
>
> 专业人士指出,区别与此前口口相传的谣言传播,网络谣言插上互联网的翅膀,发布成本更低、传播速度更快、影响范围更广,正因为如此,社会危害也更大。
>
> (选自《焦点访谈》栏目 2018 年 8 月 31 日播放的节目《辟谣平台:让谣言无所遁形》)

信息如海、传播如风的网络时代,人人手中都有的麦克风、

---

[1] [法]让－诺埃尔·卡普费雷.谣言:世界最古老的传媒[M].郑若麟译.上海:上海人民出版社,2008:1.

病毒式的传播方式、泛化而匿名的传播主体、随时随地传播的便利性、低廉的传播成本等，都为谣言的滋生与传播提供了最适宜的温床。

人人手中都有的麦克风，大大降低了面向大众传播信息的门槛，让每个网友面向全体网民传播信息成为可能。

病毒式的传播方式，让网友可以通过复制、转发等加入他们所感兴趣的信息传播当中，使信息通过每一个网友的人际关系网络（如 QQ、微信好友）和群体传播渠道（如 QQ 群、微信群、朋友圈）一传十、十传百、百传千，像传染性极强的病毒一样进行几何倍数增长的裂变传播。

泛化而匿名的传播主体，让所有网民都可以成为匿名传播者，这就加大了网络谣言的治理难度，导致一些谣言的信源无从追踪，使一些别有用心、心存侥幸的造谣者和传谣者披着马甲到处散布谣言。

网络传播的便利性和低成本，使得网络造谣、传谣的犯罪成本很低，只需要一台电脑或一部手机，随时随地敲上一段话，配一张以假乱真的图片或移花接木的视频就完成了一次造谣；只需要复制粘贴或点击转发就可以完成一次传谣。

正是因为网络空间的这些特征，一些没有事实依据的信息，通过电子邮箱、聊天软件、社交网站、网络论坛等网络介质快速传播，形成了防不胜防的网络谣言。从数据上看，中山大学和腾讯公司联合出品的《2018 年网络谣言治理报告》

显示，食品安全、医疗健康、社会民生等领域均是谣言"重灾区"。2018 年，微信平台全年共拦截谣言 8.4 万多条，辟谣文章阅读量近 11 亿次。《2018—2019 年度今日头条资讯打假报告》显示，当前的网络谣言呈现出内容包罗万象、传播短时爆发、变体套路迭出以及折射国民情绪等四大特点。2018年至 2019 年，今日头条月拦截谣言文章超过 11 万篇，年度总拦截数量超百万篇，平均每周对超过 1000 个谣言事件进行全站回溯。

资料链接

新冠肺炎疫情期间传播的谣言类型

通过对"中国互联网联合辟谣平台"官方公布的谣言文本进行分析，可将新冠肺炎疫情期间传播的谣言大致归为下述四类：

一是病毒溯源类，内容涉及医学知识与公务机构的职责，如零号病人、人造病毒、实验室安全、中间宿主、华南海鲜市场等。这类谣言通常混杂着所谓国内外媒体的小道消息和各类耸人听闻的阴谋论等内容，带有较强的政治色彩。

二是疫情防控类，主要关于公务机构对疫情防控的相关决策，如"封城"、复工复产复学、红十字会等。这类谣言的辐射面广、影响力大，涉及物流保障、交通管控、物资储备等多个职能部门或服务主体。

三是疾病防治类，内容涉及医学知识和生活常识，如特效药、疫苗、偏方等。此类谣言虽然影响力有限，但其内容往往具有很强的魔幻色彩，有些内容甚至达到了匪夷所思的程度。

四是个体遭遇类，主要通过编造或者夸大个体遭遇（如教授求救、女博士死亡）和相关事件（如哈佛降半旗纪念）等，激发公众与事件主人公共情，拼贴出由情感裹挟游离于事实真相的"混合式谣言"，从而达到政治化解读的目的。

虽然不同类型的谣言内容偏重不同，但都直接或间接涉及民生健康、经济发展、社会管理等诸多层面，影响力与危害不言而喻。

（选自范敏、周建新：《信息畸变与权力博弈：重大疫情下网络谣言的生成与传播机制》，载于《新闻与传播评论》2020 年第 4 期）

另外，从技术上讲，先进而隐匿的社交机器人技术能够成为谣言病毒的"超级传播者"，具备人为蓄意地制造大规模谣言的能力。"社交机器人"能够运用代码和算法，利用经过精心粉饰、公众难以察觉其机器属性的机器人账户，通过大规模的自动点赞、转发、搜索等行为，快速生成指数级上涨的数据，以"谎言灌喷"的方式将大量谣言送入网民的视野,甚至送上热搜。[1]细思极恐,如果别有用心的人利用"社交机器人"蓄意传播谣言,那将会给我们的国家和社会带来极大的危害。

二、真假难辨:常穿上各种迷惑的马甲

资料链接

近年来,在互联网发展的同时,也出现一些问题,尤其是网络谣言时有出现,误导了公共舆论,影响了人们的正常生活,扰乱了社会秩序,损害了网民的合法权益,对社会稳定发展产生了干扰。

前些日子,贵州省贵阳市很多市民的微信朋友圈,都被这条有些恐怖的信息刷了屏:花果园中央商务区一家四口惨死家中,各位注意了,不要随便带人回家。都说有图有真相。这条消息除了文字之外,还配发了一个视频,画面里是警灯闪烁,大量的警察在行动,现场还拉着警戒线。

消息里提到的地点是贵阳市乃至贵州省规模最大的居民小区之一,人口众多,有一百多栋高层居民楼,惨案发生在哪家哪户,并没有更具体的信息。一时之间,贵阳市人心惶惶。

---

[1] 范敏,周建新.信息畸变与权力博弈:重大疫情下网络谣言的生成与传播机制[J].新闻与传播评论,2020,73(04):64-72.

很快,网上又出现了一张贴着封条的房门。有网友猜测,这可能就是凶杀现场。更大的恐慌接踵而来,消息更加迅速地传播。

发现情况的警方迅速对消息进行了核查。警方调查表明:事发小区并没有凶杀案发生。不仅如此,消息里所谓有图有真相的视频,也是此前警方一次正常执法活动的视频,和所谓凶杀案没有任何关系。很快,贵阳市警方对此进行了辟谣。

(选自《焦点访谈》栏目2018年8月31日播放的节目《辟谣平台:让谣言无所遁形》)

我们在前面讲到过,广泛的扩散和传播是谣言的生命,对一个人撒谎或小范围交流都不能叫谣言。如果谣言一眼就被人识破了,认定为假的,它的生命也会因为没有大范围传播而终止了。所以,谣言要进入传播环节,首要前提是得让人们相信它是真的,至少不能立刻就被识破了。为此,谣言得挖空心思、煞费苦心地穿上各种马甲,使自己"看起来像真的一样"。

(一)披着新闻的外衣迷惑你

真实是新闻的灵魂和生命,这是大家都熟知并认可的观点。我们从媒体获取的新闻,尽管也会因为各方面的原因出现少量失实的报道,但从总体上看,经过记者、编辑、部门主任、分管副总编

（分管编委）、总编辑层层把关，其真实性能够最大限度地得到保障。我们在日复一日地获取新闻的过程中，在潜意识里也形成了这样一种认识：新闻是真实的、是可信的。这就让谣言获得了一件迷惑大家的马甲——披上新闻的外衣。

那么，如何给谣言披上新闻的外衣呢？一件新闻的外衣往往由"5W+1H"六个要素组成，即：Who（谁）、When（何时）、Where（何地）、What（何事）、Why（为何）、How（过程如何），换一种说法就是：人物、时间、地点、事件、原因、发生过程，再转换成通俗易懂的一句话就是："某人某时在某地由于某种原因做了某事出现了某种结果"。网络谣言的"新闻化"伪装手段，就是在形式上凑齐这些新闻要素，并加上一个"新闻式"的标题，看起来就是新闻的模样，以此让大家信以为真。

不少朋友应该收到过名人"被死亡"的网络谣言。这些名人很无辜，也很无奈，明明人还好端端地活着，却被传谣说已经死亡了。据不完全统计，这些年网上能查到的"被死亡"的国内外名人超过30人，甚至有的反复"被死亡"了很多次。2018年10月30日，金庸先生逝世，令大家痛心不已。可匪夷所思的是，在这之前，金庸先生"被死亡"了20次左右。这些名人"被死亡"的谣言在网上传播后，粉丝们在悲痛之下很少去考证信息的真实性，而是纷纷在第一时间留言哀悼、转发扩散。这些名人"被死亡"的网络谣言，往往就是通过披上新闻的外衣来蒙骗大家的。有文章分析了12个名人"被死亡"的谣言内容发现，它们的新闻要素较为完整，人物、时间、地点、死因都十分具体。时间具体到了某日，甚至有些谣言具体到了几点几分；地点也很具体，有的已经具体到某个医院；都有具体的死因，大都因病所致，有的还明确到心肌梗死、心脏病等具体疾病。[1] 这些新闻要素具体、内容描述详细的谣言，让广大网友产生它就是一条新闻的错觉，选择了相信而不是质疑。

（二）带着图片和视频来佐证

相信各位朋友都听说过一句网络流行语："有图有真相"。意思也很容易明白，有图片为证，说明我说的事情是真的。为了蒙骗大家相信自己，谣言又从大家形成的"耳听为虚，眼见为实"的思维定式入手，用图片、视频、链接、图表等来证明自己是"真"的。

摄影、摄像技术具有的纪实性特征，使现场拍摄的图片、视频天然地给人们一种可信的感觉。在"有图为证""有视频为证"面前，大家会本能地降低对信息的怀疑程度。同时，相较于文字而言，图片和视频更加直接、生动、形象，更有视觉冲击力，也更具情绪感染力，能够营造一种身临其境的感觉。图片和视频的这些优势，不但消除了网友对谣言的质疑，而且还很可能因为激发了他们的某种情绪，很快将他们转变为随手就转发的谣言传播者。这就不难理解，为什么网络谣言要千方百计地穿上图片或视频作为马甲了。

---

[1] 张瑾瑶. 明星被死亡谣言传播分析[J]. 新闻研究导刊,2016,7（18）：330-331.

在具体操作上，网络谣言往往以文字谣言为基础，或通过移花接木，或通过断章取义，或通过虚构伪造，或通过策划摆拍，或通过拼接组合等手法，裁剪或制作图片、视频、图表等，用来作为支持文字谣言的论据。有文章对 165 个"微信辟谣助手"发布且定性为谣言的内容进行统计，发现近九成（89.1%）的微信谣言采用了"文字 + 图片"的方式，7.9% 采用了"文字 + 视频"的方式，3% 用了"文字 + 图片 + 视频"的方式，没有只采用文字形式的谣言。[1]

值得注意的是，因为图片和视频谣言能够躲避一些技术手段的检索，辨识难度大，不少网络谣言开始选择直接用图片或视频的形式进行传播。近年来，随着抖音、快手等短视频平台的快速崛起，不少谣言开始用"口播 + 字幕 + 图片"的形式制作成短视频，将它们包装成视频新闻进行传播，让不少网友难分真假。同时，用视频新闻传播谣言，不仅更逼真、更具有迷惑性，也大大降低了信息接收者的门槛，文化程度不高的人也可以收看，使传播覆盖的人群更广，危害性更大。

（三）攀附名人权威站台背书

在传播过程中，信息来源于哪里会影响大家对它的接受程度。即便是同样的信息，由不同的人传达给大家，大家对它的相信程度和重视程度都是不一样的。这个不难理解，各位朋友一路

---

[1] 刘琼，黄世威．微信谣言的文本特征与说服方式 —— 基于"微信辟谣助手"中谣言样本的内容分析［J］．华中传播研究，2018（02）：167-181.

走来,久经考场,每次复习到天昏地暗、日月无光时,总是盼望能出现一个"大神"透露点信息。一日,突然有小伙伴向你透露"考点秘籍",你在欣喜之余仍不忘追问一句:"敢问仁兄,这是谁透露给你的?"如果他告诉你,是他自己在复习过程中总结出来的,你的笑容应该会僵在脸上;如果他告诉你,是某某老师说的,你大概会精神抖擞,专攻秘籍去了。这就是信息来源对信息的可信度产生的影响。传播信息的人越权威、知名度越高、身份越专业,他所传播的信息就越可信。为了让大家相信自己,谣言又在这里动起了坏心思,通过攀附各种名人、权威来给自己站台背书。

网络谣言往往假借"有关权威部门""某诺贝尔奖获得者""国外顶级专家""某院士""资深专家""权威人士""业内人士"等之口为自己"贴金",如《奥巴马承认:51 区与外星人签有秘密契约》;或者攀附《自然》《科学》《细胞》以及《柳叶刀》《新英格兰医学杂志》等世界顶级期刊或权威媒体来为自己的结论背书,来粉饰自己,提高可信度。这类谣言有的用剪裁、拼凑权威媒体的报道来证明自己的结论,如 2018 年流传的网络谣言《央视曝光你喝的不是茶,而是毒药!》,就将 2012 年茶叶农药残留报告引发的媒体报道以及 2013 年央视二套播出的"信阳茶叶农药残留调查"等内容拼凑在一起,对视频时间未做任何交代,夸大茶叶农药残留的危害;有的打着科学的旗号,断章取义地"搬运"国外期刊的某些观点,再披上新闻的外衣,辅以图片、图表进行证明,具有很强的欺骗性。新冠肺炎疫情期间,"病毒是某某团队合成的"谣言在网上广为传播,提供的证据是该团队曾在 2015 年发表过合成冠状病毒的文章。后经专业人士分析澄清,被用作谣言证据的文章其实只是说该团队将某一蛋白嫁接到另一病毒上,并没有改变它的基因。如果不具备相当的专业知识和英文文献查找与阅读能力,很难辨识这类谣言。"此类谣言往往都有所谓专家人士的背书,或有看似论证合理却混淆模糊关键概念(或以偏概全)的煽动性内容,所以很容易迷惑大众,特别是科学素养较低的人群"[1]。

近年来,还有不少网络谣言直接假借某一名人身份传播各种励志鸡汤或热门文章。如冒名李嘉诚的文章《李嘉诚公开回复国人》;冒名曾任耶鲁大学校长的小贝诺·施密德特的文章《耶鲁大学前校长撰文批判中国大学》;冒名扎克伯格的文章《扎克伯格:好吧还是我自己来回答中国人的疑问吧》,尽管有署名"文/老九",第一段却是,"我就是 facebook 的马克·扎克伯格,对,我就是你们传说中的那个巨年轻又巨有钱又不闹绯闻还是爱妻狂魔还长着一张可爱娃娃脸的小扎!我今天想花十几分钟时间,跟中国的朋友们闲聊几句天儿,用你们的话说叫谈谈心";假借白岩松之名的"今晚 9 时 30 分,央视新闻频道(13 频道),白岩松主持新型冠状病毒肺炎专题现场直播,邀请钟南山院士介绍疫情,请家长朋友们届时观看",网上还流传着很多"白岩松"语录,他本人

---

[1]　范敏,周建新.信息畸变与权力博弈:重大疫情下网络谣言的生成与传播机制[J].新闻与传播评论,2020,73(04):64-72.

曾鉴定后说,绝大多数不是他说的。这类谣言戴着名人的光环,在网上一出现就被竞相转发,引发网络热传,有的还呈现出周期性的特征,隔一段时间就会被挖出来再流传一次,不仅欺骗、误导了广大网友,而且也让被冒名的名人不堪其扰。在推出新书《白说》时,白岩松在封面上写了一段话:"我没开微博,也没用微信。只能确定这本书里的话,是我说的。"这是对被冒名发文的无奈而又强有力的反击。

三、破解有招:谣言总会露出蛛丝马迹

在穿上"新闻的外衣""有图有真相""攀附名人权威"这些马甲后,谣言确实"看起来像真的一样"了。然而,再怎么伪装也只是看起来像真的,改变不了它是谣言的本质。只要我们形成核实的意识,掌握破解的要领,伪装得再巧妙,也总会露出蛛丝马迹的。

(一)就怕你们推敲

前面提到,网络谣言往往通过凑齐新闻要素来给自己披上真实的外衣。然而,里面的不少新闻要素往往是经不起推敲的,关键信息或数据要么是虚构捏造不存在的,要么进行了只字不提的隐匿化处理,要么进行了语焉不详的模糊化处理。前面提到的金庸先生"被死亡"的网络谣言中,所列的地点"香港尖沙咀圣玛利亚医院"根本就不存在。一位微信公众号运营推手如此描述他们

的操作手法,改编拼凑网上内容,是惯用的营销手法。"标题内容越耸人听闻越好,模糊掉事发地,或直接改成当地。或是拿其他微信推手制造的话题,移花接木后二次传播,这种区域化的帖子阅读量非常高。"[1] 在《惊爆肯德基工厂重大内幕(六翅膀的鸡)》的网络谣言中,"我的一个朋友的父亲是某银行的高层领导,他和美国的肯德基之间有些合作关系,一次高层领导之间的互访使我朋友的父亲有幸参观了肯德基的鸡厂,那是个对外严重保密的地方,任何人都不能随便入内的……"。读一读,看看这条谣言中的这句话隐匿掉多少关键信息。

网络谣言假借名人权威,大多停留在笼统地使用"国外媒体""某国专家"等层面,一般不会给出具体的人名;在使用国外期刊来粉饰自己时,不少谣言也会给出具体的期刊或报纸名称,但仅此而已,对于材料具体来自刊物的哪一期的哪一篇文章等关键信息,自然就语焉不详了,更不用说提供该信息的网络链接了。

一些科学类、健康养生类的网络谣言,为了让自己看起来跟真的一样,往往通过堆积各种概念来让自己显得高端大气上档次,通过滥用专业术语来掩盖自己的虚假,用看起来"头头是道"来蒙骗网友。如果一篇文章频繁使用各种专业术语和概念而又没有解释时,就需要警惕了,不妨查一查里面的概念和术语是否真实存在。

---

[1] 李栋,郭铁,乐佳文 . "六翅鸡"背后微信传谣利益链调查[N]. 新京报,2015-06-09(B12).

网络谣言化身为一头怪兽

（二）就怕你不点开

网络谣言穿上前面说的各种马甲后,只能说在内容层面做到了让网友不拒绝它、接受它,但它们不会满足于此,还要想方设法地吸引网友来点开阅读。

为了吸引网友的注意,网络谣言首先在标题上极尽夸张之能事,喜欢用"曝光""解密""揭秘""真相"等用语来制造悬念,吊你的胃口,用"居然""竟然""没想到"等表示意外的词来刺激你的阅读欲望,用"必看""赶紧看""马上就删除"等诱导性用语来诱迫你立刻点击。除了用词夸张外,网络谣言的标题在标点、句式使用等方面还有一些特点,《网络谣言标题的特征研究》[1]在分析 100 个网络谣言标题的基础上,对此进行了总结。

首先,特别喜欢使用感叹式标题。在统计的 100 个网络谣言标题中,近八成标题使用了感叹号,远远高于科普类文章的18.6%。网络谣言通过使用感叹式标题,起到夸张惊悚、引人注意的效果。如《三年前体检正常,三年后心梗死亡! 元凶竟是这道家常菜!》中运用了两个感叹号,使"心梗死亡"的严重程度与一道极为常见的家常菜之间形成鲜明对比,吸引网友注意,并形成一种恐慌情绪。

其次,除了在数量上频繁使用外,网络谣言的标题还会出现重叠或者说连着使用、混合使用感叹号与问号的情况,而科普文

---

[1] 沈威,聂卓,廖莉莉.网络谣言标题的特征研究 —— 以健康养生类网络谣言标题为例[J].四川文理学院学报,2020,30（04）: 61-69.

章的标题基本没有这种用法。

互 动

标题1:

餐桌上的谋杀,冒死揭秘吃激素长大的鱼!!

拆解:

"谋杀"一词夸大事实 ,制造惊悚效果,"冒死揭秘"突出文章的价值、增加神秘感,加上重叠使用的两个感叹号起到的强调效果,使标题十分吸引读者。

标题2:

震惊:蘑菇 —— 肾脏第一杀手,你今天吃蘑菇了吗???

拆解:

将"蘑菇"称为"肾脏第一杀手",并重叠使用三个问号,加强疑问的语气,强调事态的严重性,引起人们的紧张感。

标题3:

日本专家提出杀死癌细胞新方法:竟然如此简单!?

拆解:

对"日本专家"提出的"杀死癌细胞"的"新方法"进行评价,"竟然如此简单"后连用了感叹号与问号,感叹号用于强调"简单"程度,问号用于突出该"新方法"难以置信,希望给人们灌输"新方法"的"神奇性"。

所以,当你发现文章标题出现重叠使用感叹号、问号或对二者进行混合使用时,就要格外小心了,它是谣言的可能性很大。再举个例子感受一下:《不要再吃鸡蛋!一个养鸡场老板女儿带血的忏悔和劝告!!!》。

再次,从句子的角度看,网络谣言标题常采用两种比较特殊的句式。

互 动

标题:

警惕!指甲上这些竖纹竟是大病预兆!不看会后悔!

拆解:

以"警惕"加感叹号开头,引起注意,让读者对"指甲上这些竖纹"产生好奇:究竟为何需要警惕,是什么大病的预兆,继而进一步阅读文章。

这类网络谣言标题的句式特点是,用独词句作为开头,常采用带有强烈情感或自身主观态度的词语加上感叹号来吸引读者的注意。在词语的选择方面,要么选择带有褒义色彩的词语如"重大""重要""神奇"等,用来夸张地描述或形容文章内容本身;要么倾向于使用偏负面或者中性的词语如"可怕""震惊""警惕"等,用来夸张地描述文章内容给人们的情绪或心态带来的影响。

另一种句式与这种句式大多是差不多的，所不同的主要是把感叹号改为冒号，用来引出后面的内容。

互 动

标题：

震惊：火葬场的尸油去哪儿了?!（紧急通知，务必查看）

拆解：

以"震惊"开头，形容的是"火葬场的尸油去哪儿了"的真相，吊起读者的胃口，让人们对真相产生好奇心。

这两类网络谣言标题采用独特的句式，倾向于把情感色彩浓烈的词语尤其是形容词放在句首，通过独词成句或后面带冒号的形式，在视觉上达到比传统句子更能吸引人们注意的效果。

总之，网络谣言的标题就是千方百计地从视觉和内容上入手，告诉你内容很重要，与你的生活、健康、工作等息息相关，再抛出频繁、重叠使用感叹号或问号等撒手锏，营造出一种不得不打开并阅读的紧张感，诱导甚至可以说是在视觉和心理上诱迫你点击标题浏览正文。

（三）就怕你不转发

你以为你点开阅读了，相信了，就可以了？

NONONO，网络谣言不会就这么轻易满足的。它还要催促你转发！相信各位朋友也遇到过这样的文章，甚至最后还不得不在逼迫之下一边厌恶一边转发,因为它说"不转发就会不幸""如果你爱你的家人和朋友,就赶快分享给他们",甚至非常过分地诅咒你"不转发死全家"。谁都不想被诅咒,只能自认倒霉,谁让自己打开看到了呢。殊不知,大家在一边痛斥一边转发的过程中,也间接成为传谣者。

从某种程度上说,传播是谣言的生命,没有广泛的扩散和传播,谣言也就失去了存在的根基。所以,网络谣言必定要以广泛的传播为诉求,追求快速的传播。网络谣言往往在标题里就开始迫不及待地"求转发",如《医院开会被偷拍,全中国人民惊呆了,往死里传!》《内幕曝光,触目惊心!快告诉你身边的朋友!》《致癌物名单,转载一次,造福一次,自救一次!!!》等。在中山大学大数据传播实验室推出的《微信"谣言"分析报告》中,总结了"逼你转发的'五大武器'"。

资料链接

　　一是霸王枪:条件强制
　　诱导方式是条件强制,即要求读者必须在分享后才能够阅读全文或获得测试结果。该类诱导分享出现的频率高。
　　二是迷情丝:道德捆绑
　　在诱导分享的文字中,明示或暗示转发或分享行为是对某种价值观、道德观的支持或反对,例如"不转就不是中国人""如果你看了不生气就不用转"等。该类诱导分享出现的频率也较高。

三是勾魂汤：迷信蛊惑

迷信蛊惑分为两类：一类是祝福型，即在诱导分享的文字中出现诸如"转发分享的人接下来一个月会有好运""转发可保全家平安"之类的让人获得心理安慰的内容；另一类是诅咒型，即诅咒不转发的人将会招致厄运。祝福和诅咒还经常同时出现。

四是金钱镖：物质诱惑

文章声称在转发分享后有机会获取某些物质金钱奖励，号召读者将文章分享到朋友圈后截图发给公众号，或者还要加上"集赞"等附带条件。该类诱导分享文章绝大部分是广告帖。

五是打醉拳：顺便一提

没有用如上四种特别方式诱导，只是在文末或文中写着如"请转发分享给家人朋友"这类的话语。没有强制、没有威胁、也没有利益和道德捆绑，读者是否转发分享不会带来不一样的后果。

（选编自徐静、曾繁宜：《微信朋友圈里最贱"求转发"：不转发遭报应》，载于《广州日报》2015 年 12 月 15 日）

当然，我们不能得出结论，凡是"求转发""求扩散"的文章一定是网络谣言，但网络谣言基本都有这样的特征，可以作为一个重要的参考指标。真正的科普类、健康类文章一般都会注重态度严谨、准确严密，强调有理有据、逻辑清晰，而不是通过恐吓来激发大家的紧张心理和焦虑情绪，更不是以催促转发为根本诉求。这类选题的文章如果出现催促转发的迹象，就要相当小心了。

（四）就怕你们较真

互 动

青少年朋友们，回想一下，你们是否遇到过这个谣言？如果遇到了，你会转发吗？

哪位亲给我转一个呗，谢啦！听老人说，属羊的今年有一喜，今天为属羊的转下，家中有属羊的，身边有重要的人属羊，请转发这个平安符，今晚子时至明日亥时观音菩萨开库，这段时间观音菩萨大开金库，属羊的人财源滚滚！平安健康！财运亨通！家庭幸福！诸愿皆成！属羊的人心都善良，不爱与人计较，所以属羊的人都健康、平安、快乐、富有，我希望今天至少有一个人帮我转，谢谢！

上面这个谣言可以被套用到任何生肖上，也经常在各种聊天群和朋友圈出没。我们来看看，如果较起真来，这样的网络谣言是如何不堪一击的。

资料链接

属羊的人（或者替代以别的属相），家中有人属羊，身边有重要的人属羊，那几乎可以将所有的人都囊括在内了，如果看到的人都转发起来，数量岂不是惊人？

想一想,只要手指一动,什么好事都有了,这样天大的便宜好事,有谁不想要呢?

很多人看到来自熟人朋友圈的这样的信息,抱着"宁信其有,不信其无"的心态,轻点手机按键,就拥有了如此众多美好的承诺,就可以静候今夜子时,美梦成真了。就算是假的,也不过举手之劳,没什么损失,就当是个美好的祝愿吧。岂不知,这样的想法正中了谣言策划者的圈套。

试想,就算真的有观音菩萨,要开金库给属羊的人,转发不转发又有什么区别呢?观音菩萨怎会只青睐在手机上转发信息的人呢?在手机出现以前,观音菩萨都是怎样开金库呢?

如此有辱大众智商的谣言,竟然风行无阻,靠的是有关爱心和利益的空口承诺,在爱心的名义与利益的诱惑下,很多人的智商接近于零。

造谣者的真正目的,全在"求转发"而已。就像当下层出不穷而又花样翻新的各种骗局,无论何种方式何种理由,万变不离其宗的,是最后都会向你要钱。

(选编自魏泉:《网络时代的"谣言体"—— 以微信朋友圈为例》,载于《民俗研究》2016 年第 3 期)

对有网络谣言特征的文章,只要我们保持质疑的态度和较真的精神,多思考,多分析,多求证,很多就会"显出谣言真面目"了。

当然,可能会有朋友说,我也想较真,道理我都懂,但是"臣妾做不到啊"！前面确实讲过,不少网络谣言尤其是科普类、健康类谣言的专业性强,对我们的科学素养、信息素养、文献查阅能力等都提出了很高的要求,再加上我们的精力有限,确实很难对每条

（注:海报发布于 2020 年 8 月 29 日中国互联网
联合辟谣平台上线运行两周年之际）

有网络谣言特征的文章一一进行甄别和求证。没关系，对于网络辟谣这件事，你并不是一个人在战斗！

中国互联网联合辟谣平台，是我们识别网络谣言最强大的武器装备。这个平台由中央网信办违法和不良信息举报中心主办、新华网承办，秉承"发布权威辟谣信息，提升网民媒介素养，营造清朗网络空间"的宗旨，联动中央部委、地方政府、行业专家等权威查证，推出谣言曝光台、辟谣数据库、辟谣小助手"真真"、辟谣月度榜、辟谣优秀作品发布等一系列辟谣信息服务。目前，这个平台已拥有网站、客户端、强国号、微博账号、微信公众号、抖音号、新华号、头条号、百家号以及辟谣小程序等多个端口，全方位提供辟谣信息服务。其中，客户端和小程序具备网传谣言即时查证、疑似线索快捷举报、权威辟谣一键分享等功能，还有"网络谣言曝光台"版块，对全国范围各类典型谣言进行实时曝光、集中辟谣。

各位青少年朋友，一定要记得去领取这些强大的武器装备哦！拥有这些装备，熟练使用里面的武器，你很快就能成为识别网络谣言的高手啦，还可以进一步成为辟谣信息的传播者。

第三章

天朗气清：网络语言的理性转向

主题导航

　　青少年朋友进入互联网江湖,仅仅了解这个江湖有哪些凶险还远远不够,因为只有了解了这个江湖出现语言失范、理性缺失、攻击谩骂的原因所在,才知道如何避免卷入其中;只有了解了对手攻击的"套路",才能提前准备好应对之策和各味"解药",以便遭遇凶险时能"见招拆招"……有了这些知识和技能傍身,才能打破"人在江湖飘,哪能不挨刀"的传言,在互联网江湖不挨刀、少挨刀,并进一步为营造清朗网络空间贡献自己的力量。

　　接下来,让我们去了解网络语言为何容易任性,以及它与理性交往之间如何从相怨相杀走向相亲相爱。

第一节 缺失理性:网络语言为何容易任性

💡 你知道吗?

　　我们目睹了BBS的"六九爆吧",民族情绪泛滥;见证了"方韩大战",网友好勇斗狠,忘记了双方最初的分歧是什么;不同群体言语不和,动辄"微博约架"……不知不觉间,快意恩仇的畅所欲言,变成聚啸山林的狂欢,日常社会生活中的言行规范、理性素养和道德自律,在这里被一些人抛在脑后。

　　(摘自人民日报评论部:《珍惜网络"意见共同体"》,载于《人民日报》2013年8月13日第5版)

一、社群化:群体裹挟下的理性缺失

(一)社群化传播:社群成为交往中心

　　在德国社会学家滕尼斯的眼里,"社区"的含义十分宽泛,它不仅包括地域共同体,还包括血缘共同体和精神共同体,而人与人之间形成的共同的文化意识以及亲密无间的关系是社区的精髓。[1] 随着网络时代来临,人们社会交往的方式越来越虚拟化,传统社区的地理边界被突破,来自不同地方的人在 BBS、人人网、微博、微信、百度贴吧、豆瓣网、天涯、知乎等平台聚集在一起,形成了虚拟社群。虚拟社群必须具备一定的连接点,可以是某种爱好、兴趣、过往历史或产品,也可以是某种行为,并因此而拥有特有的文化、情感和心理的认同感。[2] 在网络空间里,网友可以根据各自的兴趣、爱好、需求等加入不同的社群,找到与自己志趣相投的伙伴,互相提供信息、分享观点、交流情感。可以说,互联网上以各种各样的社群为基础构建的"朋友圈",把"物以类聚,人以群分"展现得淋漓尽致,各种社会群体或者说"圈层"开始成为网友交往的中心,他们的信息传播活动主要在圈层内部展开,形成了一种有别于大众传播的新传播形态,即社群化传播。

网络社群因共同的爱好或目标而聚集,在持续互动的过程中会形成一致的群体意识和大家都认可的群体规范,也能在这个社群里找到特有的认同感和归属感,往往还具有"圈里人"才能听得懂的"行话"。不少青少年朋友应该都知道"和平精英"吧,如果不知道,大多也应该听说过"吃鸡"。"和平精英"是一款反恐军事竞赛体验手游,俗称"吃鸡"。在游戏中,玩家需要在游戏地图

---

[1]　廖杨. 民族·族群·社群·社区·社会共同体的关联分析[J]. 广西民族研究,2008(2):29-38.

[2]　郑满宁. 公共事件在微信社群的传播场域与话语空间研究[J]. 国际新闻界,2018(04):76-96.

上收集各种资源，并在不断缩小的"信号接收区"对抗其他玩家。该游戏上线后异常火爆，很多玩家开始在互联网集结形成社群。玩家在互动区域进行游戏技巧分享、游戏教学，甚至还有属于自己的一套语言体系，比如经常说"大吉大利，今晚吃鸡"，老玩家之间交流的"黑话"非常多，比如说，幻影坦克、落地成盒、人体描边大师、快递员、LYB、伏地魔、独狼、医疗兵、过桥费、双黄蛋、天降正义、追梦、枪下舔包、天命圈、天谴圈，等等。这些只有社群中的玩家才能听得懂的"黑话"，不但让他们有一种身份认同感和归属感，也点燃了社群之外的人的好奇心和参与热情。青少年处于好奇心比较强的阶段，当听到身边的朋友和同学说这些自己没听过的游戏"黑话"时，好奇心会驱使他们去了解，甚至还有一部分人会以"游戏大神"为偶像。"吃鸡"游戏本身的刺激，加上社群化传播带来的快感，使得不少玩家过度沉迷于游戏而不能自拔。

（二）低龄陷阱：社群化滥用之殇

2020 年 5 月，共青团中央维护青少年权益部、中国互联网络信息中心联合发布的《2019 年全国未成年人互联网使用情况研究报告》显示，2019 年我国未成年网民规模为 1.75 亿，未成年人的互联网普及率达到 93.1%。超过六成的未成年网民把互联网视为认识世界的重要窗口和日常学习的得力助手，超过一半的未成年网民认为互联网是自己娱乐放松的有效途径和便利生活的重要工具。在对互联网的负面认知方面，不同学段的学生有九成左右都认为上网对自己的学习没有造成不良影响。然而，互联网这个江湖并没有像青少年朋友们自己所认知的那样安全,也充满了重重危险,稍有不慎就会掉进专门针对青少年设置的沼泽地里。

蓝鲸游戏(又叫"4:20叫醒我""蓝鲸挑战""死亡游戏"),便是专门针对青少年开发的一款死亡游戏。这个游戏由俄罗斯的一位心理学系大学生设计的,参与人群主要是10—16岁的未成年网民。这个年龄段往往是青少年开始寻找可融入群体、觉察自我成熟的时期,也往往是一个自认为在现实生活中找不到"认同感"的青春叛逆期。他们处于对世界的好奇和探究中,自认为心智成熟,能够做出正确的判断和选择,但往往对新鲜事物没有抵抗力,对纷繁复杂的信息缺乏足够的辨别能力却又极富主见;同时,内心的孤独、迷茫、焦虑等负面情绪不能很好地排解和宣泄,遇事敏感冲动,控制不了情绪,一旦碰到难以解决的事情容易采用不合理甚至极端的手段解决。所以,他们很容易成为不法分子诱导、蛊惑的对象。

蓝鲸游戏的设计者从2013年开始在网上传播游戏,用一些极端恐怖血腥的视频,尽可能地吸引大规模的未成年人加入。然后,给参与者下达任务,一步一步地不断变难。有一些孩子可能在游戏初期就停下了,有一些却渐渐沦陷,他们被拉进一个更小的团体之中,进行一些社群化传播活动:每天凌晨四点二十分要醒来,参加一个夜间聊天,看各种血腥绝望的视频等;要去完成一个又一个难度越来越大、也越来越病态的挑战项目,如看一整天的恐怖片、用刀片划自己的身体等,还要将这些自残的内容上传到社群或网络；最后在第 50 天的时候，会命令参与者结束自己的生命。从相关报道看，这个游戏至少在十多个国家蔓延，也渗透进了中国。所幸的是，我国相关部门启动了"捕鲸计划"，在全国范围内对"蓝鲸"死亡游戏进行了全面拦截。

应该说，仅仅从低龄化、心智不成熟的角度来分析青少年参与"蓝鲸游戏"的行为远远不够。这个看起来不可思议的游戏得以在特定青少年群体中传播并产生影响，社群化传播是一个重要的原因。应该说，进入"蓝鲸游戏"社群的青少年，都存在着某些共同的特征，他们或许在现实生活中得不到认同，感到孤独，需要找到肯定自己的方式；或许心理防线差，已经存在自我否定、厌世的倾向等。进入社群后，社群内部的规则、压力开始发挥作用，他们可能会因为完成了一个个挑战项目得以继续留在社群而获得一种成就感，在凌晨四点二十分醒来参加夜间聊天、看各种恐怖片等共同行为中获得一种认同感，在上传完成挑战的图片、视频等过程中"刷"出一种存在感，在被暗示"这个世界不适合他们这些人"及想退出而被威胁时产生一种恐惧感……这个社群内部的规则和特有的传播活动，让卷入其中的青少年一步步陷入恶性循环，甚至最后走上不归路。

（三）群体极化：我和群体一起更极端

群体极化是一种普遍的社会现象。在凯斯·桑斯坦眼里，群体极化是"进行讨论的一个群体的成员通常到最后所采取的立场,与讨论前成员所持有的倾向总体相同,而且更为极端"[1]。这个概念读起来可能比较费解,我们可以从以下三个方面进行理解[2]:

一是形成的群体意见更加极端。在经过群体内部成员充分讨论后形成的意见,比讨论之前成员们的意见更加极端,群体所采纳的立场也比之前单个成员秉承的立场更加极端。

二是群体内部成员的意见更倾向一致。在群体内部公开发表意见和讨论的过程中,群体内部存在的各种心理效应开始发挥作用,如有的成员害怕被孤立而随时调整自己的看法,不惜放弃个人的不同意见,选择与群体意见保持一致;有的成员为了表达对群体的忠诚,不发表有分歧的意见,而是从众地选择与群体的整体意见或者大多数人的意见保持一致;有的成员对群体内部的"权威""意见领袖"等存在盲从心理,跟着他们的意见走;有的成员为了博得群体其他成员的认可和赞誉,把群体意见再向极端方向推进一步等。这些心理效应发挥作用的结果就是,群体内部的不同意见急剧减少,大家的意见倾向一致。

三是不同群体之间的分歧加剧。群体内部成员的意见倾向一致、且更加极端的结果就是,他们原有的立场会在群体内部得到进一步的强化,在群体情绪的感染下,他们更愿意将自己极端

[1] [美]凯斯·R. 桑斯坦. 极端的人群:群体行为的心理学[M]. 尹宏毅、郭彬彬译,北京:新华出版社,2010:4.

[2] 参见程岩. 群体极化、二阶多样性与制度安排 —— 读桑斯坦《极端的人群:群体行为的心理学》[J]. 环球法律评论,2011,33(06):145-160.

的立场作为自己所在群体的"标签"，通过强调和放大这种差异来显示与其他群体之间的不同。群体极化影响下的各个群体都做出这样的选择，最终就导致群体之间的差异增大、分歧加剧，相似性越来越少。

在互联网时代，各种社群或者说"圈层"日渐成为网友交往的中心，社群化传播无疑更容易催生群体极化现象。凯斯·桑斯坦直接将互联网视为极端主义的温床，"毫无疑问地，群体极化正发生在网络上。讲到这里，网络对许多人而言，正是极端主义的温床，因为志同道合的人可以在网上轻易且频繁地沟通，但听不到不同的看法。持续暴露于极端的立场中，听取这些人的意见，会让人逐渐相信这个立场。各种原来无既定想法的人，因为他们所见不同，最后会各自走向极端，造成分裂的结果，或者铸成大错并带来混乱。"[1]

不难理解，群体极化带来的极端主义立场、群体之间分歧加剧等，本身就是理性思维缺失、群体情绪感染下的非理性产物。群体极化效应会进一步带来理性缺失，群体成员会被群体压力和群体意识所支配，他们会按照群体形成的极端观点来进一步强化自己的观点，会彻底去执行群体所形成的极端意见，而把应该有的理性全都抛到九霄云外。古斯塔夫·勒庞在《乌合之众》中对此进行了描述，"群体永远漫游在无意识的领地，会随时听命于一

---

[1] ［美］凯斯·桑斯坦.网络共和国——网络社会中的民主问题［M］.黄维明译，上海：上海人民出版社，2003：50—51.

切暗示,表现出对理性的影响无动于衷的生物所特有的激情,它们失去了一切批判能力,除了极端轻信外再无别的可能。"[1]我们在第二章讲到的网络从众、"站队"思维、网络骂战、网络欺凌等失范的非理性行为,都不同程度地受到了群体极化的影响,甚至有的也是群体极化效应的具体体现。

二、去中心化:"百无禁忌"下的理性缺失

(一)话语表达的去中心化

这里说的去中心化,主要是指在网络空间中,基于互联网Web2.0 技术而实现的话语表达的去中心化。也就是说,不管你身份如何,地位如何,有无权力,只要接入了互联网,就可以发表自己的言论。

随着 BBS、博客、个人网站、微博、自媒体平台(微信号、头条号、百家号等)、直播、短视频等相继出现,任何一个网民都可以利用这些技术和平台在网络上发表原创内容或表达自己的观点。在网络空间里,无论是制作专业的内容,还是长篇大论娓娓道来,抑或是随手拍的现场信息,全体网民都能够以自己的方式参与信息的生产和传播;无论是短小精悍的三言两语,还是一句话的网络跟帖,抑或是一个词一个表情的态度表达,全体网民都可以表

---

[1] [法]古斯塔夫・勒庞. 乌合之众:大众心理研究[M].冯克利译. 北京:中央编译出版社, 2005:24.

达对大事小事的看法。分散在各个地方的网民成为一个个独立的信息传播者和观点表达者。他们的加入使信息生产和传播的结构更加多元，彻底改变了传统大众媒介时代（以报纸、广播和电视为代表）"你说我听"的中心化、集中式的单向传播模式，形成了一个去中心化的话语表达网络。

再回到我们使用媒介的情境中想一想，如果现在有一个突发事件，在报纸、电视、微博这三种媒介中，你会选择哪种媒介来获取信息？

我想，绝大部分朋友应该会选择使用微博吧。之所以选择微博，不仅是因为它的及时性和便捷性让我们无须等待也无须付出过多的精力就能获取信息，还因为我们在微博上可以看到很多网友的观点，并能通过点赞、评论、转发、发微博等方式表达自己的看法。在微博这样一个兼顾自由性、开放性与互动性的平台，谁都可以发声，只需要敲几下键盘就可以发表自己的看法。无论是选择报纸，还是电视，我们得到的信息在真实性上能够得到保证，但我们很难在第一时间获取信息，往往还需要付出一定的费用或精力才能获得。更重要的是，我们只能获取报纸或电视上给我们提供的信息或观点，难以看到多元化的观点，也很难参与内容的生产和传播。

（二）把关弱化后的"百无禁忌"

在日常生活中，朋友们应该都有过这样的经历，要进入某个单位，可不是想进就能进的，通常门卫要对你进行检查和甄别，他要进行综合判断甚至请示领导,只有确认你确实有事并对单位不会造成负面影响时才会放行。这就是一种把关行为。那么,在信息流通领域,人们也要对信息进行筛选和过滤,只有得到认可的信息才能继续得到传播。事实上,在传统的大众传播活动中,一条新闻要传递到受众那里并不容易,它需要披荆斩棘、"过五关斩六将",才能通过层层把关环节。台湾学者徐佳士曾描述了一条国际新闻见报的过程:

假定一则新闻发生在俄国基辅,最后传到基隆。

第一个守门人就是亲眼看见这新闻发生的那个人,他是看不见事情的全部的,他只能看见一部分,所以只能报道事件的一部分。

第二个守门人是向这位消息来源采访的记者,他必须决定把哪些部分写进他的新闻中,什么地方该轻描淡写,什么地方该特别强调。

他把稿子交给报社编辑(在这之前可能还要经过采访主任),他要编这稿子,可能删掉一些,可能改变一些。

假如幸运的话,这条新闻得以刊载在基辅一家报纸上(不过拼版时遇见了一个技术上的守门人,因为拼不下去而可能切去最后面一段),引起美联社驻在那里的记者的注意,他决定把它写成电讯,又得删一点,或者加一点解释,而且译成英文,拍到美联社驻莫斯科的分社。

分社的编稿人如果决定采用,可能要把它缩短一点,或者考虑到俄国的新闻检查标准,而必须改写。

老天保佑,通过了俄国的检查员,这则电讯到达了美联社纽约的总社,但是只有当总社的编辑感兴趣时,才会把它编入对国内或对国外发布的电讯中,免不了有所删改。

过这关后,这条电讯在台北"中央社"电务部一大排电传打字机中的一部中出现,也许由于第一句写得引人入胜,国外部主任用红笔画了一个圈,请一位编辑译成中文,但是批了个"可节译"。

编辑人员不只是省略了他认为不重要的部分,而且由于电讯上的故障,有些错字,弄得电稿原稿中有整段意义不明,他不敢乱猜,就干脆不译这一段。

稿子送到编辑桌上,又要通过一两个守门人,然后被译成电码,从摩尔斯广播中传到基隆一家报馆。

最后决定这件发生在基辅的新闻是否应该让基隆的读者知道的,是这家报社的国际新闻编辑,如果他认为基辅和基隆风马牛不相及的话,这条消息的最后归宿当然是废纸篓(编辑先生的废纸篓是很大而且经常是很满的)。假如他觉得这条消息还不错,但版面实在有限(报纸的版面无时无刻不是有限的),他会删掉后面两三段,写个标题送到排字房。如果他坚持这条消息不能丢,排版的时候可能会被拼进去。

第二天早晨,报纸送到读者手中时,这条新闻才终于到达最后的目的地。

（转引自李彬：《传播学引论（增补版）》，新华出版社 2003 年 8 月第二版，第 171-172 页）

这个过程可以称得上是"国际新闻见报历险记"了。可能有朋友认为上面这段见报历险记的描述有些夸张。事实上，在以中心化为特征的传统大众媒介时代，新闻确实要经过层层把关后才能见报，就算本地新闻也要经过记者、编辑、部门主任、分管副总编（分管编委）、总编辑，一层一层地依次把关，以最大限度地保障新闻的真实性和正确的舆论导向。

在"人人都有麦克风"的自媒体时代，网友分享了原来由专业媒体掌控的话语表达权，形成了一个去中心化的话语表达网络，信息的发布与流动方式都发生了很大的变化。网友在发布信息的过程中，缺失了"扼一关而守土有责"的专业把关人，只能依靠网友在充当信息生产者与传播者角色的同时，直接发挥把关的作用。网友在发布信息时，完全依靠自己的理性和自律进行自我把关，其有效性显然难以保障。各个新媒体平台理应承担内容把关和监管的职责，但每天面对海量的信息内容，或因为把关的手段非常有限，尚未形成一套与互联网时代多元话语表达相适应的把关机制，或因为缺乏职业的"把关人"和专业化的把关团队，或因为缩减开支简化把关的流程，或因为在点击率、转发量、点赞量等考核指标之下放低了把关的标准甚至标准发生了偏离等，目前很难像传统媒体那样充分而稳定地发挥把关者的职能。可以说，传统的把关方式失灵、把关弱化，更多依靠网民的理性与自律进行自我把关，是当下网民进行话语表达的一个重要特征。

把关弱化或者缺失的一个必然结果，就是网友在生产和传播内容时"百无禁忌"，只要是不涉及"敏感词"的内容在网络上都可以畅通无阻，它可以是真实的消息，也可以是杜撰的谣言；可以是有营养的深度好文，也可以是浪费时间的"口水文"；可以是理性分析新闻事件的来龙去脉，也可以是立场先行的情绪化表达；可以是为有疑惑的网友解疑释惑，也可以是为一己私利谩骂攻击；可以是为公益事业积极摇旗呐喊，也可以是为蝇头小利造谣生事、众口铄金……在纷繁复杂、人声鼎沸的网络空间里，少有监督制约，现实生活中原有的喧嚣与戾气在这里得到了成倍放大，全凭自律和理性约束的自我把关显得苍白无力，导致目前理性的声音和行为相对稀缺，而躁动宣泄、跟风指责、攻讦谩骂、夸张造假等非理性行为频频出现。无暇辨别信息真伪或者不具备辨别能力的网友往往也被动地卷入其中，在非理性的状态下以讹传讹、跟风起哄，导致非理性内容的广泛传播和非理性情绪的快速扩散。

三、匿名性："隐姓埋名"下的理性缺失

（一）ID 背后安能辨我是雌雄

我们这里所说的匿名性，通常是指在网络交流过程中，主体

真实身份的不可确认性。匿名性似乎是互联网与生俱来的天性。"在网上，没人知道你是一条狗"，曾被网民们当作网络匿名性的公理加以信奉。

在这里需要提醒青少年朋友的是，随着我国在网络管理中全面实行网络实名制，需要按照"后台实名、前台自愿"的原则，要求用户通过真实身份信息认证后注册账号，实名认证的方式主要包括身份证认证、手持身份证照相认证、手机号认证（手机号已进行实名认证）、使用其他网络平台账号进行认证等。在网络实名制之下，彻底消除现实生活中的真实身份、在网络上隐姓埋名的时代已经一去不复返了，网上的言行都可以根据时间和对应的 ID 追踪到具体的人。然而，网络实名制的推行，并不意味着网络匿名性就消失了，对于广大网友而言，大多网友在前台仍是以 ID 的身份进行着匿名传播，其后台的实名信息也不会为其他网友所知。网友只要在法律允许的范围内活动，其后台的实名身份是不会被追踪的。

当自己的真实身份不被别人所知后，人们在发表看法和做出选择时，往往会少很多顾虑，不会考虑过多的因素，更加注重从自我的角度去阐述观点，不论观点是赞美还是抨击，都敢于表达出来。有文章阐述了匿名对人们表达观点带来的影响：

匿名有助于发出各种各样的指责或悄悄警告一些事项。匿名交流常常鼓励人们说真话。例如，一个在盛名之下的企业工作的员工,也许会凭借匿名的机会告诉大家这个企业潜藏的暗礁。

匿名也有助于进行愚蠢的提问,可以请求回答一些基本的问题,提问者想知道问题的答案,但又不想暴露自己的无知。

有些匿名者使用这种手段改换一种不同的身份。这种身份可能是真实的,也可能是虚幻的。

匿名可用以在不公正的体制下唤起支持,激发人们的改革意识。选举——这也许是一种最为广泛承认和赞许的匿名行为。谁向反对派投了票? 社会无从知道。但投票人的呼声将得到统计。

老资格的网民、编辑、网上专栏作家大卫·希维尔认为,匿名使人得以痛痛快快地发表看法而不必有所顾忌,如果说话人知道自己的身份将被公开,也许他就会更多地讲假话和大话。

英国作家福斯特认为,"匿名的评论……有一种放之四海而皆准的意味。似乎是绝对的真理、宇宙的集体智慧在讲话,而不是一个人用微弱的声音在发言。"

(摘编自胡泳:《人人都知道你是一条狗》,载于《读书》2006年第1期)

互联网借由网络匿名,将匿名的作用发挥到了淋漓尽致,开启了一种充满活力的表达机制:因为匿名,网民获得了现实生活中前所未有的选择空间和参与热情,他们可以由此更自由地发布消息、表达看法、提出主张,不用过分担心招致现实生活中常常发生的非议和打击,把可能因为观点表达而带来的风险降低到最低的程度；它也增加了公众参与公共讨论的机会，鼓励人们对社会公共事务做出更加积极、坦率的回应。我国近年来网络舆论监督、网络反腐方兴未艾，与网络匿名性有密切关系。微博等互联网应用消解了过去被传统媒体垄断的话语权，网络表达促成了无数的公共讨论，在越来越常态化的公民政治参与和对政府的监督中，公权力愈发在阳光下良性运行。[1]

然而，匿名是一把双刃剑，用得不好，也会造成很多不利的后果。

（二）匿名后的"小恶魔"跳出来了

首先请青少年朋友们回想一样，我们心中的"小恶魔"什么时候更容易跳出来？我们在什么情况下更容易按照心里的真实想法做事？

或许我们能从一个著名的心理学实验中找到答案。

这个实验由著名心理学家菲利普·津巴多带领团队，在由斯坦福大学心理学系大楼地下室改造成的模拟"监狱"中进行，所以叫"斯坦福监狱实验"[2]。

首先，改造一个模仿真实监狱的实验室。为了让模拟的监狱

---

[1] 张文祥,李丹林.网络实名制与匿名表达权[J].当代传播,2013（04）：75-78.

[2] 参见［美］罗杰·霍克.改变心理学的40项研究（第7版）［M］.白学军等译.北京：人民邮电出版社等,2018:371-381.

更逼真,研究者专门请来一位曾坐过 17 年牢的前科犯作为顾问来模拟监狱的情境。改造成的"监狱",每间牢房有号码,牢房门是竖栏式结构,有供"囚犯"走出牢房活动的"监狱院子",有单独囚禁不听话"囚犯"的"小黑屋"……总之,就是尽一切可能让实验对象觉得这就是监狱。

然后,研究者以一定的报酬招募实验参与者,会告诉他们研究的基本性质,并告知研究中可能会有一些侵犯其个人隐私和公民权利的情况,他们获得的食物可能仅仅只够满足其基本营养需要。通过大量测试排除有心理问题和犯罪背景的报名者后选择了 24 名大学生。之后,通过投掷硬币的方式随机将这些人分成了两组:"看守"和"囚犯"。

"囚犯"们在某个星期天早上,在家中以持枪抢劫罪"被逮捕",接受搜查、戴上手铐,被响着警笛闪着警灯的警车迅速带走。然后被立案、采集指纹、蒙着眼睛带到"监狱"。到达监狱后,那些被分派为"看守"的参与者对"囚犯"进行搜身,脱光他们的衣服并用气雾喷雾器进行除虱,给他们发放监狱制服、橡胶拖鞋、需要一直套在头发上的尼龙袜(用来模拟大多数监狱中给囚犯剃光头的样子),缠在脚踝上的锁链(铁链并没有真的锁在什么东西上,只是为了提醒囚犯的身份)。每三个"囚犯"分在一个小囚室中,每人有张简易床和一个薄床垫、一条毯子。

"看守"们不需要每天 24 小时待在监狱里,他们分为三个人值一轮班,每轮值 8 个小时。他们配备统一的看守制服、警棍(但

147

蓝鲸游戏化身为一头怪兽

不允许他们击打"犯人"）、反光墨镜（让他们看起来更有威慑力，而且可以遮掩外貌），并被告知他们的责任是让"囚犯"们守规矩，以维持"监狱"的秩序。

实验结果令人震惊，"看守"和"囚犯"们的人格和行为发生了巨大的变化，他们的真正身份和人格很快就消失了，取而代之的是他们所扮演的角色。在一天之内，"扮演"和现实生活之间的界限就变得模糊了。大多数人变成了真正的"囚犯"和"看守"，不再能区分角色扮演和自我 …… 在不到一周时间里，人类的价值被搁置，自我概念受到挑战，人类本性中最卑劣、最丑陋的病态面显露出来。一些男孩（看守）把其他人当作卑微的动物一样对待，并且乐于享受那些残忍的行为；而另一些男孩（囚犯）变成了卑屈顺从、失去人性的机器人，他们只能想到逃跑、自己个人的生存以及对看守日益增长的仇恨，似乎忘记了他们是具有自由意志的大学生，随时可以退出研究。

因为实验给参与者带来了令人震惊的变化，这个原计划进行两周的实验进行到第六天就终止了。

这个实验主要是用来证明相对于人的内在性情和天性，周围的环境和事件发生的情境对人的行为有更强大的影响，这也是心理学史上被探究、讨论和分析得最多的研究之一。在模拟监狱的情境中，原本都是没有心理问题和犯罪背景的大学生，因为"囚犯"与"看守"的不同角色，最后产生了不健康的心理和摆脱社会规范约束的极端行为。背后的原因是错综复杂的,但进入模拟监狱后,他们原来的姓名、身份等都被抹掉了,在穿上统一的制服("囚犯"的制服上是四位数字的编码,而不是姓名)、戴上相应的装备、完成相应的监禁程序后,他们在现实生活中的所有身份都被隐匿了,统一转换成了"囚犯"或"看守"身份,并按照这样的身份思考和行事。

那么,这个实验似乎可以为我们提出的问题找到答案,当一个人原有的社会身份被消除,或者进入一个大家都不知道他的姓名和身份、都完全不认识他的环境时,就很容易进入一种"去责任化"的状态,心中的"小恶魔"就容易蹦出来,把人性中"最卑劣、最丑陋的病态面显露出来"。我们再想一想,在晚会现场,什么时候最有可能响起刺耳的口哨声?对,当现场熄灭灯光等待拉幕布的时候。这个时候现场一片漆黑,吹口哨者实现了"匿名化",反正漆黑之下也不知道是谁吹的,于是胆子便开始大了起来。

网友进入网络空间后,他们的真实姓名和身份已不复存在,被一个个自己命名或系统生成的 ID 所取代,彼此都带着"ID"这个面罩,进入了相互不认识的匿名状态。这个时候,在现实生活中被压制的"小恶魔"便开始蠢蠢欲动了,法律和道德的约束渐渐被抛之脑后,理性和责任逐渐淡去,摆脱社会规范约束的不理性行为一一在网络空间上演:在网上肆无忌惮地发泄情绪,无缘无故辱骂别人,进行人身攻击,"宁可骂错一百不可放过一个";散布不负责的虚假信息,肆意炮制谣言、传播谣言,传播淫秽色情的内容;跟风起哄、恶言相向、无聊对骂,让原本的讨论交流偏离事件本身,甚至将讨论引向对抗;高举道德的大棒,侵犯个人隐私,污蔑诽谤威胁他人。更有甚者,不惜铤而走险,利用网络匿名性特征实施违法犯罪行为。

四、碎片化:"只言片语"下的理性缺失

(一)微传播场域下的碎片化

> **互 动**
>
> 各位青少年朋友,请回想一下,你发朋友圈一般写多少字? 回帖时,一般写多少字?

微博、微信、社交软件、BBS 等平台,使微传播成为互联网时代的一种重要传播方式。"微"是微传播的核心特征。具体而言,传播内容可以是一句话、一个表情符号、一张图片这样的"微内容";传播体验可以是"微动作",通过简单的键盘操作、鼠标点击就完成了内容输入、转发、评价、投票等传播活动;传播手段和渠道可以是手机这样的"微介质";传播对象可以是"微受众",可以只面向特定的小众群体进行传播。[1] 网络空间的微传播特征,也必然会把我们带入一个信息碎片化传播的时代。

---

[1] 杨善顺.微传播时代的来临与传统媒体的利用[J].传媒,2009(08):69-70.

信息内容的碎片化。在微传播的场域中,追求"微内容"的主观动机,每条微博信息只能发送140个字(字符)及部分平台对发帖、回复评论有一定字数限制等客观原因,都使得在很多时候要对信息进行"化整为零"的处理,需要把完整的内容掰成许多碎片化的零散内容。"掰"带来的结果必然是,只能留下自己认为最关键、最重要的信息,只能选择一个或者有限的角度对事情进行阐述,只能选择最能吸引网友的信息进行传播……总之,就是只能对信息内容进行碎片化的呈现和表述。

话语表达的碎片化。同"微动作"的简单操作相伴随的是随意性的表达。网友在接触到信息后,不像在其他载体发表文章或在现实生活中表达自己的观点一样,需要进行深思熟虑,也不需要注意谋篇布局和遣词造句,往往只发一两句话、一个词、一个字,甚至一张图片、一个表情符号、一个标点、一个点赞、一个转发,就随心所欲地表明了自己对某件事的立场和态度,表达了自己的真实想法。结果就是,产生了大量零星的、碎片化的话语表达。

信息传收时空的碎片化。以手机为代表的"微介质"可以随身携带,只要有网络信号的地方就能接入互联网,通过BBS、微博、自媒体平台等传播平台,可以充分利用课间、工间、饭前甚至饭中、睡前、厕中、排队购物等短暂的碎片化时间收发信息;可以在街头、工地、商店、餐馆、公交、地铁、高铁等空间想看就看、想发就发,而不需要像阅读报纸、看电视那样对收看时空有着一定的要求,且还不能通过它们发布信息。总之,"微介质"让网友能够充分利用短暂的碎片化时间,随时、随地、随兴、随意地收发信息,深刻地改变了人们发布、接收和理解信息的传播环境。

信息接收对象的碎片化。微传播可以依靠微信群、QQ 群、特定社群的 BBS 等群体传播渠道,向一个个特别小众的群体进行"分众传播",就像切蛋糕一样,把传统大众媒体时代的广泛受众分为一个又一个细分市场;还可以通过算法推荐,根据网友的浏览记录、阅读习惯等,分析他的兴趣、需求、职业、地点等个性化特征,然后再根据分析的结果给他"开小灶",精准推送他所感兴趣的信息。譬如,你最近想换一部智能手机,于是在网上搜索浏览了一些手机的信息,当你再次打开浏览器时,页面就会不断推送相关智能手机的广告及促销信息。这就把原来"千人一面"的大众传播模式转变成了"千人千面"的信息定制模式。与此同时,原来广泛而大规模的信息接收者,被碎片化为一个个小众的甚至以个体为单位的接收对象。

需要说明的是,信息传播的碎片化并不是孤立存在、偶然出现的。我们不能简单地理解为,因为 BBS、微博、微信等微传播形式的出现导致了信息传播的碎片化。有需求才会有供给,碎片化传播也是社会"碎片化"在信息传播领域的具体体现。"有研究表明,当一个社会的人均年收入在 1000—3000 美元时,这个社会便处在由传统社会向现代社会转型的过渡期,而这个过渡期的一个基本特征就是社会的'碎片化':传统的社会关系、市场结构及社会观念的整一性 —— 从精神家园到信用体系,从话语方式到消费模式 —— 瓦解了,代之以一个一个利益族群和'文化部落'的差异化诉求及社会成分的碎片化分割。"[1] 可见，正因为有了社会的"碎片化"，让人们在现代社会生活中有了差异化的需求和见缝插针的零散时间，才有了应这种需求而生的"碎片化"信息传播。当然，这种传播方式的常态化乃至主流化，无疑会进一步加剧社会的"碎片化"。

（二）碎片化信息下的"盲人摸象"

互 动

各位青少年朋友，请回想一下，你能否在手机上一口气静心地读完 2000 字以上的文章？

在现代化快节奏的生活状态下，人们的休闲时间相对越来越少，空余时间也越来越零散化，使人们留出整块时间在固定的空间阅读信息越来越难。同时，人们也越来越强调个性化，信息需求呈现出多元化的趋势。在这样的背景下，碎片化信息的重点或者说看点突出、时效性强、阅读需要的时间少、信息传播的效率高，使人们能够快速、简单、便捷、及时地收发信息，能够帮助人们把零碎的时间充分利用起来……这些是碎片化信息在当下的价值所在。

然而，当碎片化信息传播成为一种流行的时候，也会不可避免地带来不良的后果。

---

[1] 喻国明.解读新媒体的几个关键词[J].广告大观（媒介版）,2006（05）:12－15.

资料链接

近日，西安某医院医生在手术台旁的一组欢乐自拍照被传上网，迅速成为一场医德大批判。舆论纷纷指责医生职业责任感缺失，不顾还在手术台上的病患安危和隐私，加重医患矛盾，等等。

因招架不住舆论抨击，涉事医院本着息事宁人的态度，从严从重处罚了参与自拍的相关医生，还连带对主管副院长进行免职处罚。

而事件就在此时迎来大逆转：涉事医生含泪诉说，当天医生们在长达 7 小时手术后，挽救了患者的一条腿，自拍之举是分享成功喜悦的冲动，只发在朋友圈里，也是想以此向旧手术室告别。涉事病患一句"自拍经过本人允许"，更让原本被激烈抨击的"暴露隐私"也站不住脚了。舆论风向迅速逆转，据新浪网调查，超六成网友表示理解医生的自拍行为，并认为相关处罚既不合情更不合理。

一次普通自拍，从微信朋友圈下载后被加上主观臆断上传到公共网络，演变成了一场医德医风大辩论。未证实的信息传播，直接导致涉事医护人员深陷"舆论囹圄"。

步入互联网时代，信息快速传播犹如一把双刃剑，一方面为公众带来迅速掌握资讯的快感，这种信息获得途径和效率是过去任何传统媒体无法给予的；另一方面，互联网信息传递，导致信息碎片化，传递的信息是否全面、客观、准确，时常"有待考证"。此次"手术台自拍"事件，就是一个典型案例。

（选自刘晓阳：《信息碎片化下的"盲人摸象"》，载于《湖北日报》2014 年 12 月 25 日第 3 版）

首先,信息简单化造成片面理解。在化整为零"掰"细信息的过程中,要么是主观所为,要么是字数限制,会出现一些不恰当或者不得已的操作手法,如进行"掐头去尾"的处理,既无前因也无后果,导致信息文本不完整,使网友不能全面地了解情况,很容易把局部当成全局;再如,进行"断章取义"的处理,为了博取网友的眼球,常常抽离原来的语境,把最具戏剧性、冲突性和反常性的看点提炼出来进行传播,断章取义式的看点很容易误导网友对事件真相的认知,如某研究生不幸自杀后,有文章提炼了关键词:带母上学、蚁居、毕业即失业、读书无用、知识难改变命运、大学生自杀……透过这些关键词,似乎就能了解事情的前因后果,但这起引发社会广泛关注和讨论的悲剧事件并非如此简单。更有甚者,还进行"偷梁换柱"的处理,为了哗众取宠,不惜隐匿、篡改关键词句,蒙骗广大网友。

其次,信息不完整造成误读。微传播可以随时随地进行传播,网友为了抢夺第一时间发布的时效性,很多时候就不得不以零散、失真的信息为代价,在信息没有完全获取或没有得到证实的情况下就匆忙发布出来,加之上面讲到的信息简单化处理往往只发布信息的一个点或者面,导致发布出去的信息不完整,无法勾勒出事件的全貌。网友获取的信息不系统、不完整,在缺失了背景、原因等关键信息的情况下,要么凭借有限的信息片段进行"盲人摸象"式的以偏概全的判断;要么调动自己的生活经验和认识,以不完整的信息碎片为基础进行"脑补"式的想象与曲解;要么将原本复杂的问题及背后的逻辑进行简单化理解……这些都会导致对事件的误读甚至曲解，离理性与真相越来越远。下面，我们再详细了解一下前面提到过的重庆公交车坠江事件，从中体会不完整信息带来的误读问题。

资料链接

2018 年 10 月 28 日 10 时 8 分发生事故后，网上出现了相关信息，"重庆万州一辆公交车在长江二桥上发生交通事故，与轿车相撞后冲出护栏坠入江中"，同时配有一段手机拍摄的现场视频。视频里一辆红色小轿车的车头受损严重，女司机穿着高跟鞋坐在一侧的马路牙子上。

这条信息迅速引发了网友们对红车女司机的批评，炮轰她穿高跟鞋开车、逆行等，甚至还引出"因女司机逆行，大巴车避让不及导致坠江"的事故鉴定原因。

当天 17 时 46 分，重庆警方发布警情通报称，"经初步事故现场调查，系公交客车在行驶中突然越过中心实线，撞击对向正常行驶的小轿车后冲上路沿，撞断护栏，坠入江中。"

事件真相来了个 180° 大反转，网友又开始同情红车女司机，庆幸她福大命大。

然而，事情并没有结束，10 月 29 日，一段公交车坠江前与小轿车撞击的正面视频曝光，因为视频里公交车的不当操作，有网民爆料称"公交车司机凌晨 K 歌导致开车时睡着，引发事故"。一时间,对公交司机的舆论风暴开始了,之前对准"女司机"的矛头也指向了公交司机。

10月31日,潜水人员打捞出公交客车行车记录仪,提取到事发前车辆内部监控视频。

11月2日,公交车坠江事故原因公布。综合前期调查走访情况,此次事故系因乘客刘某与公交车司机冉某在行车过程中发生激烈争执导致。

通报中称,因刘某错过下车站,要求冉某停车未果,双方争执起来。"10时8分49秒,当车行驶至万州长江二桥距南桥头348米处时,刘某右手持手机击向冉某头部右侧,10时8分50秒,冉某右手放开方向盘还击,侧身挥拳击中刘某颈部。随后,刘某再次用手机击打冉某肩部,冉某用右手格挡并抓住刘某右上臂。10时8分51秒,冉某收回右手并用右手往左侧急打方向(车辆时速为51公里),导致车辆失控向左偏离越过中心实线,与对向正常行驶的红色小轿车(车辆时速为58公里)相撞后,冲上路沿、撞断护栏坠入江中。"

(综合孝金波、钟亚楠:《重庆公交车坠江事件 这些传闻你信了吗》,载于人民网《求真》栏目)

再次,快闪式思考停留于表面。网友们大多是利用零碎的空闲时间在不固定甚至是移动的空间中进行阅读。在碎片化的时空中进行阅读,注意力常处于分散状态,可能一边在聊微信,一边刷着微博，还听着音乐并走马观花地扫着网页，同时可能还需要应对现实生活中的各种干扰和情况变化（譬如在地铁上要留心是否错过站，排队时要随时注意跟上队形，走路时刷信息还得随时关注路况等）。所以，很难做到全神贯注地收发信息，只能是断断续续、三心二意地阅读，也只能进行即刻的、快闪式的思考，很难进行周密的分析、仔细的推敲和深度的思考，很容易将原本复杂的问题做表面化、片面化、简单化甚至情绪化的理解。久而久之，当大家习惯了这种片段式、表面化的浅层阅读，会在悄然间弱化深度阅读能力和抽象思维能力，"当碎片化阅读成为人们每日的阅读习惯之后，即便是有'大块'的空余时间可以用来思考阅读纸质经典文本时，人们也会选择自己已经适应的、令自己'舒适'的碎片化阅读方式进行阅读，而真正有效的阅读却日渐被忽略。长此以往，不仅大量的深阅读时间被挤占掉，一种不愿意深入思考的惰性思维 —— 表层浏览、浅层思维也会随之产生，从而不容易形成批判性的、理性的、有深度的、系统的知识体系，导致人们的逻辑思维能力和理性判断能力大大减弱。"[1] "微博中信息的碎片甚至是有害的 —— 它使你已经习惯了用孤立的知识点去看待问题，习惯了'拿来主义'，一个事物出现的时候，不愿意或者不能够用抽象的思维去判断、去分析、去深入地剖析深层次的问题，只是停留在事物的表面上，思维随着他人的指挥棒转，这种思维一

---

[1] 吴媛媛.论"碎片化阅读"的常态化 —— 浅析信息过载对当代大众阅读方式的影响[J].安徽文学（下半月），2015（12）：41-42.

且形成惯性,将极大地弱化人的判断问题的能力,甚至丧失严谨的逻辑思维能力。"[1]

资料链接

在新书《一辈子的活法》读者见面会上,著名作家王蒙对当下的阅读颇有感慨:"虽然不能回到孔孟时代悬梁刺股地读书,但也不能都躺在乔布斯的怀里看微博。网络虽然带来了方便和民主,但也使我们的阅读、讨论、思维变得普泛化、浅薄化、零碎化、快餐化,成了无中心无目标无深思熟虑的'三无浏览'。"

王蒙说,现在的人看个微博话题 30 秒,就算有耐性的了,然后立马换成看骂街或者八卦了,这让他深深忧虑。

王蒙告诉所有年轻人:"有时间的话,抓住一本好书,阅读和思考吧,这才是一种健康的活法。"

(摘自《王蒙忧虑时下"三无浏览"》,载于《语文教学与研究》2012 年第 30 期)

最后,"信息茧房"下的坐井观天。桑斯坦在《信息乌托邦 —— 众人如何生产知识》一书中提出了"信息茧房"的概念:我们只听我们选择和愉悦我们的东西。"信息茧房"虽然是一个温暖、友好的地方,每个人都分享着我们的观点,但先入之见将逐

---

[1] 原琳. 微博信息的碎片化呈现对受众认知影响的研究 —— 一种理论的视角[D]. 东北师范大学,2016.

渐根深蒂固，对于私人和公共机构而言，茧房可以变成可怕的梦魇。[1] 简单地理解，人们倾向于接触与自己固有的价值体系和立场相一致的信息，而对不一致的信息会刻意回避。长此以往，人们会被自己喜欢的信息束缚于像蚕茧一般的"茧房"中。信息接收对象碎片化带来了"分众传播"和"千人千面"的信息定制模式，即在算法推荐技术的支持下，不断按照群体和个体感兴趣的内容推荐信息，使"信息茧房"愈加容易形成。在"信息茧房"里，个人或群体只看自己喜欢的，不高兴的不看、不听；他们日复一日地接收着同样的、单一的信息，很少顾及甚至是排斥异质的、多元的信息，最终陷入自我禁锢、自我封闭的境地；他们每天活在"茧房"的牢笼里，却把它想象成全世界，很有可能带来"坐井观天"的狭隘。更严重的是，按照我们前面讲的社群化传播的特征，在群体范围内尤其是在小群体范围内传播，更容易导致群体极化现象。"茧房"内的人只与兴趣相投的人聚谈，不但使"茧房"内的声音被放大，"茧房"外的声音被压低并很难进入茧内，而且"茧房"内的交流很容易促成"群体极化"，在交流之后会形成更加一致的更极端的意见，"网上茧房与生物茧房不同，它是既封闭又向全球开放，极端见解总能找到天涯海角的知音。个人错误不仅被复制，而且被放大，这是一个'种下小错、产出大错'的过程。"[2] 下

---

[1] ［美］凯斯·R.桑斯坦. 信息乌托邦：众人如何生产知识［M］. 毕竟悦译. 北京：法律出版社，2008：8.

[2] 张立伟. 主流新闻如何凝聚共识？［J］. 当代传播，2011（04）:4-6.

面,我们看看桑斯坦是如何描述的:

资料链接

　　如果互联网上的人们主要是同自己志趣相投的人进行讨论,他们的观点就会得到加强,因而朝着更为极端的方向转移。

　　……

　　在互联网上,我们当中的每个人都很容易找到志趣相投的人。

　　由于缺乏社会支持而在一般情况下会烟消云散的观点,在互联网上可能会大量存在,即使它们在大多数社区中都被看作奇异的,站不住脚的,甚至是怪诞的。正如马克·塞奇曼所写道的:"我们假定世界上有一小撮人共同持有同样一种奇怪的信念,比如说月亮是绿干酪做成的。通过一个自选过程,他们会发现彼此来到同一个论坛。……很快他们就会假定人人都持有这种信念,因为只有真正的信徒才发表自己的看法,而其余的人则保持沉默。"

　　……

　　这个问题在互联网上尤其严重,因为在这里,很容易找到对只有一小撮人(他们怪诞、思想混乱或者十分可恨)所坚持的判断的支持。

　　(摘自凯斯·R.桑斯坦:《极端的人群:群体行为的心理学》,新华出版社2010年版,第103-104页)

第二节 寻求理性：从相怨相杀走向相亲相爱

 你知道吗？

网络语言最初是网民之间使用的社会方言，是在网络环境下的一种语言变体。但是它伴随互联网的普及和现实社会的发展，迅速流行于网络内外，已成为一种全新的社会文化现象。

需要指出的是，不少网络用语目前已由社会方言变成全民共同语，登入主流语言的"大雅之堂"，甚至进入权威词典。例如，英国新出的《牛津英语字典》(OED)收录了许多英语网络用语，包括人们最常用的表情符号——哭笑不得。新版的《新华字典》和《现代汉语词典》也与时俱进，增收了一些汉语网络用语，"给力""雷人""山寨""团购""粉丝""黑客""晒隐私"和"被代表"就是其中的例子。

……

有关专家认为，人们应该以理性、辩证和宽容的态度对待网络语言，取其精华，弃其糟粕，为我所用；同时应该自觉遵守公认的语言规范，维护语言的健康纯洁，营造风清气正、和谐文明的语言生态环境。可以说，网络语言的发展趋势是不可抗拒的。

（摘自曾强：《网络语言：信息时代的一种文化表达》，载于《学习时报》2018年10月5日第3版）

互联网的出现，给我们提供了一种全新的交流方式，带给我们一种现实生活中无法获得的社交体验。这些社交体验包括：拉近了人与人之间的距离，曾经天涯海角各一方的人们，今天可以在屏幕前互动、聊天，让王勃描述的"海内存知己，天涯若比邻"变成了现实；一个在现实生活中沉默寡言的"哑巴"，却能在微信群里、论坛上成为能说会道、善于表达的高手；一个在现实生活中有社交恐惧、害怕交流的人，却能够在虚拟社交网络中畅所欲言；一个在现实生活中文质彬彬、温文尔雅的人，也可能在网络空间中心直口快，甚至口无遮拦……五彩缤纷的互联网社交催生了网络语言，而网络语言无疑也推动着互联网社交的发展。在前面的章节中，我们更多侧重于讲述网络语言与理性交往之间"相怨相杀"的关系，在这个关系中，网络语言更多是一种简单粗暴、有违公序良俗的形象。事实上，网络语言有令人反感的，也有让人喜闻乐见的；有失范粗鄙的，也有合乎语言规范的。作为语言文化在网络时代发展的产物，网络语言也有着重要的价值，只要能取其精华，弃其糟粕，它与理性交往之间也能建立"相亲相爱"的关系。

一、亲密与高效:你我齐心,其利断金

(一)让交往越来越亲密

网络语言使人们的交流用语更加丰富多彩,可以运用文本、图形、图像、音频、视频、动画中的一种或多种类型进行交流,还创造了许多生动活泼的表情符号,将一些抽象的概念转换成具体可感的表情包,将一些原本平淡无奇的交流转换成生动传神的表达,将一些中规中矩的交流场景转化为融洽无间的交流氛围。总之,善于运用恰当的网络语言进行交流,能够有效拉近人与人之间的交往距离,有助于实现"关系破冰",也能在特定的交流氛围下化解尴尬。

互 动

在以下网络交往情境中,你会怎么说?

情境一:向陌生人问好。

A.你好,在吗?

B.小姐姐 / 小哥哥,在咩?

情境二:向陌生人表达感谢。

A.谢谢你!

B.感谢你啦,么么哒,给你笔芯鸭!

　　我们在线下进行的面对面交流,拥有着丰富的表达与传播手段,语言、表情、眼神、体态、姿势、服装、发型等都可以帮助我们传递信息,而我们说话的声调、音量、速度、节奏也都在传递着信息,是真正意义上的"多媒体"传播。尽管我们在网络交流中也可以使用音视频聊天,获得接近面对面聊天的效果,但大部分时间主要是通过语言来进行沟通和交流的。在这样的情况下,恰当地使用一些网络语言能够让人际交往更加亲密而又不至于失度,有助于打破人际交往中怀疑、猜忌、疏远的藩篱,初步消除聊友之间的"冰墙",为关系更近一步提供可能。同时,综合运用文本、图形、图像、动图、语音等进行交流,能在一定程度上弥补单独使用文字语言交流的不足。2017年,"小姐姐"一词频繁出现于评论区、微博、聊天群和各种社交网站,成为当时网络语言的热词。"姐姐"指与自己同辈且年龄比自己大的女子,而"小"字的加入,使得"小姐姐"这个词具有跟自己年龄差距小、年纪相仿的特点。因《歌手2017》中的"进口小哥哥"迪玛希火爆起来的"小哥哥"一词也是如此。"小哥哥""小姐姐"这些词可以更加亲密地形容自己的同龄人甚至年龄略长的人,还附带了"这位女士很美""这位男士很帅"的褒义色彩。

　　传统的语言已很难满足网友畅游网络世界的交流需求,网络语言日渐成为他们在网络空间中交流的重要工具。对年轻网友而言,尤其如此,他们不仅是许多网络语言的创造者,还是重度使用者与传播者,将它们作为彼此交流最基本、最常见的工具。从某种程度上说，使用特定的网络语言是融入某个圈子的"通行证"，是某个圈子人士身份的象征，也是在这个圈子找到归属感和认同感的一种方式。比如，当同学 A 看完热播网络剧《陈情令》之后，开玩笑说，"想嫁给肖战，要给肖战'生猴子'"。同学 B 这个时候回应她说："你居然要做我的情敌，我跟你势不两立！"不明就里的旁观者，可能会按照语言本身的意义去理解，认为两位同学是在针锋相对地表达观点。相信了解网络语言的青少年朋友们都明白，这背后表达的是他们都是肖战的粉丝、是同一个圈子里的人，并用戏谑的网络语言表达了对偶像的喜欢，并没有争风吃醋的意思。

大家都知道，幽默常常被看作人际沟通交往的润滑剂，能给人们带来一种亲切感，能拉近人与人之间的距离。在匿名化的网络交流中，大家更需要一种轻松、随意甚至是娱乐化的交流氛围。通过运用隐喻、借代、谐音、仿拟等手法，不少网络语言生动有趣、诙谐幽默，具有很强的感染力和表现力。在特定的交流场合下，恰当地运用这样的网络语言，能够活跃网友间交流的气氛，化解尴尬甚至紧张的沟通关系，营造风趣幽默的交流氛围，减少彼此间的交流障碍，使大家的对话更加轻松自然、交流更加和谐顺畅。

（二）让沟通越来越高效

追求简洁、快捷、经济是网络语言产生的一个重要动力。我们在第一章讲到过字母符号、数字谐音、字母加数字、符号组合、汉语简体组合、图片等构成的网络语言,都是网友在交流过程中追求输入效率,按照简洁性原则,突破原有语言符号的局限,通过缩略、谐音、简化、转化等方式形成的。这就意味着,在不影响意思表达的情况下,合理地使用网络语言,能够帮助网友们节省时间,提高沟通效率。例如,在第一章说到的1314(一生一世)、520(我爱你)、888(发发发)、184(一辈子)等简单方便、表意明确的数字谐音,可以婉转又高效地表达自己的想法。再如,"累觉不爱"的完整说法是"太累了,感觉不会再爱了","十动然拒"是"十分感动,然后拒绝了他"的简洁表达,用来形容被女神或男神拒绝后的自嘲心情。它们都是用简短语句代替了繁文冗词,因短促有力,能取得比长句更好的表达效果。

我们可以设想一下网友在网上交流的具体情境,他可能同时在与几个人聊天,还在刷着微博、听着歌,说不定还时不时地与淘宝卖家讨价还价,不停地在几个应用软件之间转换。这个时候,"快""简洁"就成为他在网上交流的主要诉求。所以,他必然会追求用字简洁以加快交流的速度,不求文字表达的优美,只求对方能看懂。因此,伤心的时候,就可以向对方"555"(呜呜呜的哭声);生气的时候,能直接来一句"7456"(气死我了);实在懒得打字,还能用表情包表达情绪。可以看出,简单便捷是网络语言的一大特质,几个字母、几个数字、一些符号的简单组合,就可以传神地表达出网友的想法和情绪,能够满足他们快节奏、高效率交流的需要。

　　网络语言还能够将一些复杂的情绪、难以说清的事情简洁地表达出来,甚至传递出一种有深意、耐人寻味的感觉。例如"无语"一词,简单的两个字可传递不同的意思和情绪。"今天作业那么多,无语了""今天遇到个奇葩,真是无语",前者表达了伤心无奈,后者表达了生气无奈等情绪。另外,还有一个词值得一提,"这件事儿不好说,你懂的""他们的关系,你懂的"……"你懂的"三个字背后表达的是,对一件大家都有所了解的事情想要表达自己的看法而又不能明说或不想明说的态度。这些网络用语能够快速、高效地表达当事人无以言说的态度,能以最简单的语言符号、最小的代价来传递丰富的情感。

　　不少网络语言保留了生活化、口语化的特点,生动而具有人间烟火气,虽然显得随意,但通俗易懂,在特定场合下比逻辑严谨、一本正经的规范用语更具穿透力、更能打动人心,能够取得更好的沟通效果。"今天你穿秋裤了吗""你妈喊你穿秋裤了吗"以及央视主持人朱广权的"据说,把秋衣秋裤都穿上,是对降温起码的尊重,而且秋衣要扎在秋裤里,秋裤要扎在袜子里……秋裤及腰胜过桂圆枸杞"等语句生动接地气,充满了"人间烟火味",显然比"降温了,注意保暖"更能引起网友的注意与共鸣。"吃瓜群众"这个网络用语也很生活化、接地气,这里的"瓜"是"西瓜"的意思,吃着西瓜看热闹的画面犹在眼前,用来表示只围观不发表任何看法的一群人。我们在网络聊天中用"围观者"这个词显得过于正式,用"吃瓜群众"就显得形象而生

记得穿秋裤

动。所以，"不明真相的吃瓜群众"成为网友的回帖（复）专用语之一。后来，还繁衍出了"这个'瓜'我吃完了"等语句，表示某个事件（网上比较火的、网友讨论的事情）我已经全部知道、了解清楚了。"这个事我知道了"和"这个瓜我吃过了"哪个更风趣更有烟火气？相信朋友们很容易分辨出来。

二、引导与规范：执子之手，与"理"偕老

（一）理性地看待网络语言

网络语言是由电脑术语、旧词新意、别字和外来词等构成的，具有简洁、幽默、反叛等语言特征，带游戏或社会方言的语境特色，追求新奇性与口语化，折射出网民求简、求趣、求新、求变、求自由与求宣泄等社会文化心理。[1]网络语言大多是网友在交流过程中，以节约时间和力求简洁为目标产生的，在这个过程中无论是有意地简化，还是输入过快导致出错产生"谐音"，都会不同程度地对流传了几千年的传统语言形式带来冲击。有文章把这些冲击描述为：导致词法变异，各种形容词、副词、生造词随意搭配；导致句法变异，随意改变句子结构中的词语位置与顺序，譬如"给我一个理由先"；出现一些非正常的随意的句式。网络语言自身

---

[1] 徐鹤.亲密错位：青少年网络语言使用及其人际关系泛化研究[J].中国网络传播研究,2016（02）:21-44.

的反传统性冲击着传统语言的规矩和方圆。[1] 比如说,当朋友们看到"李时珍的皮"时,有没有一种一脸茫然甚至是毛骨悚然的感觉?万万想不到它是用来形容某人很调皮、很顽皮的意思吧,其实就是"你是真的皮"的谐音。这句话来自斗鱼英雄联盟主播DSM大司马,他在直播当中常常说这句话,可能是由于口音的问题发音不准,每次说这话的时候弹幕上就会刷"李时珍的皮",于

资料链接

> 若是新手,初登网络,在这个虚拟的世界中肯定犯晕。面对铺天盖地的网络语言,不仅张口结舌接不上话茬儿,而且手足无措,仿佛自己不会说话了,就像是杨子荣来到了威虎山,若不来上两句"么哈,么哈"的黑话,立马就会让座山雕当成"空子",拉出去枪毙。
>
> 网络语言,是怪词、错字、别字的天下,也是数字与字母的世界。
>
> 见到了"造砖""灌水",别以为到了建筑工地,遇见了工头,其实,那只不过是说在聊天室或BBS版上的发言"用心写"与"随意写"。
>
> ……

---

[1] 陈纯柱.网络语言的生成、价值和特征研究[J].重庆邮电大学学报(社会科学版),2011,23(03):26—32.

若是瞧见"版猪""大虾""菜鸟""烘焙鸡"，也犯不着没事偷着乐，没人请客设饭局。"版猪"不过是"电子公告版管理者"；"大虾"和"菜鸟"是"超级网虫"与"网络新手"的代名词；"烘焙鸡"是"个人主页 HOME PAGE"的谐趣音译。

在屏幕上若有"TMD""NND""PMP""WBD"这样的字母，也别费心思琢磨，是不是发现了美国弹道防御系统、联合国中的某个国际组织，或是世界经济贸易协议，这些统统是登不得大雅之堂的网络脏话：TMD 是尽人皆知的国骂（他妈的），NND 是粗语（奶奶的），PMP 和 WBD 更是流行全国的口头禅（前者是"拍马屁"，后者是"王八蛋"）。

还有那一串串数字，"678"（对不起），"886"（拜拜了），"7456"（气死我了），"5555"（伤心的哭声），"562059487"（我若爱你，我就是白痴），叫人瞠目结舌。不摸根底的人，初来乍到，绝对找不着北！

（摘自赵凤、李贞刚：《网络上的文字游戏》，载于《语文世界》2001 年第 5 期）

是产生了这句网络语言。这样的网络语言对规范语言甚至传统文化的影响，相信各位朋友都能感觉得到。有文章对网络语言给人们交往带来的影响做了如下描述：

同传统的语言一样，网络语言也是在人们的交往中产生的，是网友在网络空间中互动交流的结果。这就意味着，网络语言不可避免地要打上网络空间的烙印。我们在前面讲到的网络欺凌、网络骂战、网络谣言等非理性交往行为也必将在网络语言上留下印记。所以,网络语言里出现了一些低俗、粗鄙的用语,如"然并卵""日了狗了""装逼""撕逼"等,给我们的理性交往和语言环境带来了非常不好的影响。正因为如此,网络语言尽管体现了网民的创造力,也尽管充满了活力,但自产生之日起也饱受争议。有专家认为,不少网络语言污染了汉语,不但不符合汉语规范,而且还有悖公序良俗,对社会风气产生了不良影响。中国青年报进行的一项调查显示,64.2% 的受访者认为当下网络流行语入侵汉语现象严重,46% 的受访者担心会污染汉语。[1]

在这个问题上,我们要看到,网络语言之所以能脱颖而出、体现出旺盛的生命力,首先在于它们或新颖独特、或幽默诙谐、或生动形象、或简洁灵活、或激发共鸣、或隐晦含蓄,有效地满足了网友们在网络空间交流的需求。从这个角度看,网络语言也承载了各个阶段的网络文化,它自身也是网络文化的组成部分。可以说,只要网络存在,网络语言就不会消失,还会新词频出,不断更新迭代。所以,我们不可能回避网络语言,也做不到将它们完全拒之门外。

我们还应看到,网络语言自身也会在网友传播、交往的过程中自我演进和自我净化,完成一个大浪淘沙的进化过程。网络语

---

[1]　向楠,许锦妹.64.2%受访者认为当下网络流行语入侵汉语现象严重［N］.中国青年报,2015-02-05（007）.

言应网络交往的需求而生，必定也会随需求的发展而发展，在经过时间洗礼后，仍能满足需求的就会留下来，而与此相反的部分就会渐渐被淘汰，还有一部分会活跃在特定的圈子中，成为特定网络社群的专用语言，而一些随着热度话题产生的网络语言，则是昙花一现，随着话题热度的下降很快就被网友所淡忘。中国人民大学教授陈满华认为，"真正上不了台面的表达方式，终究逃脱不了两种宿命——要么经过一段时期自然消亡，要么永远只在某些特殊语体里为了某种特殊的表达效果（如网络文学中刻画特殊人物形象）而苟且偷生。"[1] 只要咱们青少年朋友不断提高自己的抵抗能力和鉴别能力，在网络空间中理性而恰当地使用网络语言，不但不会被它所戕害，还会推动网络语言走向理性、走向文明。

（二）把握好网络语言使用的边界

"网络语言和传统语言一样，是一把'双刃剑'，有利又有弊；孰大孰小，在于语言使用者，与语言本身无关"[2]。对青少年朋友而言，首要任务应该是打好规范表达的基础，为推动我国通用语言文字的规范化、标准化及其健康发展做出自己应有的贡献。

规范语言往往也会经历一个从非主流到主流的演变过程。我们看到，一些简洁生动、意象贴切、使用频繁的网络语言经过

[1] 向楠，许锦妹 . 64.2% 受访者认为当下网络流行语入侵汉语现象严重 ［N］. 中国青年报 ,2015-02-05（007）.

[2] 曾强 . 网络语言：信息时代的一种文化表达［N］. 学习时报 ,2018-10-05（003）.

时间的沉淀,已进入规范语言的行列,《现代汉语词典》第6版就新增了"粉丝""给力""雷人""宅男""宅女""山寨"等网络用语。一些发端并流行于网络空间的用语也逐渐被人们所理解和接受,已从网络空间走到线下,开始融入人们的日常生活中,慢慢成为现实生活的交流用语,譬如"蛮拼的""点赞""打酱油"等。国家主席习近平在2015年新年贺词中指出,"为了做好这些工作,我们的各级干部也是蛮拼的。当然,没有人民支持,这些工作是难以做好的,我要为我们伟大的人民点赞。"连续使用了"蛮拼的""点赞"两个网络用语。

咱们青少年朋友无疑是网络时代的弄潮儿,是创造和使用网络语言的生力军。我们应该首先坚持一个底线,即不创造和使用言辞粗鄙、失范低俗的网络语言。然后,我们还需要把握好网络语言的使用边界,说简单一点,就是在能用的地方使用,在不能使用的地方坚决不用。下面,我们做一个阅读测试。

(互 动)

请各位朋友尝试一下,能否毫无障碍地读完下面三篇文字材料?

第一篇

星期天,妈妈带我去逛200。我的GG带着他的"恐龙"GF也在200玩,GG的GF一个劲地对我PMP,那"酱紫"就像我们认识很久了。后来,我和一个同学到网吧"打铁"去了……7456!大虾、菜鸟一块儿到我的"烘焙机"上乱"灌水"……

（摘自涂燕萍：《孩子有话你就好好说 —— 关于中小学生使用网络语言的讨论》，载于《江西教育》2007 年第 1 期）

第二篇

星期四下午放学时，老班走进教室，要偶们准备跟九班"干一场"。哈哈，跟九班 PK，期待已久啦。他们狂得跟什么似的，好像全世界只有他们才会打球。偶们班可都是科比的骨灰级 FANS，打他们小菜一碟，要不是老班三令五申，早就 K 他们了，等会儿一定要打他们个春光灿烂，桃花朵朵开。

来到球场，班长决定首发上场人员，偶是其中之一，耶！偶们班长是校篮球队的大前锋，比樱木花道还樱木花道，高大威猛，学习成绩又特棒，偶班的 GGMM 都决定到操场上给他＋U，当然也包括给偶＋U，呵呵。然美眉也来了，激动 ing……

上半场打得很平淡，偶们占据着场上优势，小晨几个 45 度角斜投……

……

班长一个巴掌把他连人带球扇到了地上，他跟小白一样，超囧……

下半场还没有开哨，出现了超雷人的一幕，九班一个小 MM 拿着一包烟和一瓶水送给执法的裁判老师。然后打球变成了打人，对方一脚踢倒了二磨，他不吹；对方盖帽盖到了辛凯的脸上，连血都打出来了,他也不吹。卖糕的,额滴神啊,竟然这样。TMD！见过黑的,没见过这么黑的！再后来,班长被他们从背后推倒了,很严重,一条腿不能动了。怎么能酱紫！

……

班长痛苦地坐在台阶上,我们围着他,后来他一笑,叫我们走先,他说他一人等家里人就可以了。看到他的样子,偶心里真不好受,555……7456! 真想再和九班比一场,为班长报仇,相信所有的人都想为班长报仇。这样的比赛我们永不认输,九班虽然赢了,但他们在道德的裁决中永远是失败的。

最后,弱弱地问一声:"老师,您同意我们再赛一场吗？"

第三篇

一個嘗經冲滿裡想嘚孩仔在變壞 ` の在硪哋世界俚ooo 沒冇誰對吥起誰 ooo 衹冇誰吥懂嘚珍惜誰

(第二、三篇摘自黄显华:《网络语言与中学生作文的规范化》,载于《安庆师范学院学报(社会科学版)》2009 年第 6 期)

对大部分青少年朋友而言,可能并没有觉得有多少障碍,毕竟大家在网络空间交流时经常使用这些网络语言甚至是火星文。但是,你们考虑过老师的感受吗？ 如果这些文字交给老师批改,结果会如何？

这就是我们为什么强调网络语言要把握好使用的边界。网络语言产生于网络空间,兴盛于网络空间,大部分也应限用于网络空间。脱离了网络空间,就好比离开了适宜自己生存的土壤,大部分网络语言不但会水土不服失去光彩,甚至还会凋零消逝。一般来说,在党政机关、文化教育、公共出版物等带有公共性质、文化教育意义的领域及正式场合都应当慎用网络语言。许多地方已明文规定,汉语文出版物、国家机关公文、学校教育教学等不得使用不符合现代汉语词汇和语法规范的网络语汇;高考也明确要求,一律用现行规范汉语言文字答卷,考生切勿使用网络语言、繁体字、古文字等。所以,青少年朋友们,在这些场合千万不要任性,一定要收起使用网络语言的习惯,记得使用现行规范汉语言文字。

第三节 认知理性:网络语言转向理性的前提

你知道吗?

　　网友的个性千差万别,但网络是我们的共同家园;

　　网友的意见百花齐放,但互联网应该是一个彼此尊重的意见共同体。

谁不希望自己的家园和谐生动，谁愿意生活在诽谤谩骂满天飞的公共舆论广场？正因如此，人民日报法人微博上，一条"微倡议：微博上请别骂脏话"，转发 3 万次，评论近万条；一条关于"抵制日货"的"几点建议"，因呼吁文明理性，被转发 11 万次，评论近 2 万条。

今天的互联网上，寻找"最大公约数"，划出"共同的底线"，不仅是人心所向，更是发展所需。

推动中国互联网的健康发展，比知识更重要的，是基本共识；比技术创新更迫切的，是为网络文明构筑共同底线。

（摘自《珍惜网络"意见共同体"》，载于《人民日报》2013年 8 月 13 日第 5 版）

所谓网络言论失范，从广义的角度看，是指网络空间形成的以指导网络言论表达活动为目的的价值与规范体系发生紊乱而导致规范和约束功能丧失，使整个网络空间秩序呈现出的无序化状态；从狭义的角度看，是指网络言论主体在网络空间违背法律及社会道德规范的言论，其实质是超过言论自由限度，从而对言论规范体系形成冲击和对现实社会造成危害。[1] 我们在前面分析过，群体情绪裹挟下带来的群体极化、去中心化带来的"百无禁

---

[1] 许玉镇,肖成俊.网络言论失范及其多中心治理[J].当代法学,2016,30（03）:52-59.

忌"、匿名化带来的"隐姓埋名"、碎片化带来的"只言片语"等,共同造成了网络空间的非理性交往,出现了网络谩骂、网络欺凌等语言失范现象。青少年朋友要在网络空间中理性交往,而又不被伤害,需要在认知层面准备三件"神器"。

一、包容:得饶人处且饶人

"海纳百川,有容乃大。"应该是大家再熟悉不过的句子了。大海之所以大,是因为它有容纳成百上千条河流的气度和容量。我们也要像大海一样,豁达大度、胸怀宽阔。正如法国著名作家雨果所说的,"世界上最宽阔的是海洋,比海洋更宽阔的是天空,比天空更宽阔的是人的胸怀。"

包容一词,出自《汉书·五行志》:"上不宽大包容臣下,则不能居圣位",主要指皇上应该做到宽大为怀,才能坐稳江山。简单地理解,包容就是宽容大度的意思。我们这里主要强调要有一种包容思维,人与人之间是平等的,应该相互接纳,而不是排他的、相互排斥的。包容是中华文化的典型特征,是中华民族的传统美德,是社会和谐的润滑剂。

(一)包容意味着尊重差异、接纳不同

马克思曾说:"你们赞美大自然悦人心目的千变万化和无穷无尽的丰富宝藏,你们并不要求玫瑰花和紫罗兰散发出同样的芳香,但你们为什么却要求世界上最丰富的东西 —— 精神只能有一种存在形式呢?"我们在前面讲到的网络空间出现标签化、污名化、站队表态、非此即彼的谩骂、非黑即白的攻击等失范行为,从根本上讲,都是缺乏包容思维和不接纳差异的具体表现。在排他性思维的主导下,一部分网友只允许自己的立场存在,认为只有自己的观点正确、自己的利益是合理的,继而排斥、压制甚至谩骂其他持有不同立场和观点甚至是不赞成自己立场和观点的人。

各位青少年朋友,想必在成长的过程中与你的爸爸妈妈都有过争执吧,一家人都存在着不同的观点和看法,更别说是来自不同地方、出生在不同年代、性格也各不相同的 9 亿多网民了。大家在思想观念、价值取向、生活态度、行为方式、兴趣爱好、审美标准等方面都不同程度地存在着差异、对立甚至冲突,所以很难对同一件事情保持完全一致的看法。韩寒的导演处女作《后会无期》上映后,有人批评电影和宣传不符,"号称是'一部很有诚意的电影',但丝毫看不出诚意",电影情节设置逻辑不通,让人看不懂,执着于渲染一种"青春迷惘",人物形象过于空洞单薄且脸谱化严重等。有年轻影迷则与此针锋相对,去影院看了五六遍之后写出近万字的评论,分析电影中的人物象征和情节逻辑的严密性。[1]

改革开放以来,我国在发展社会主义市场经济的过程中,形

---

[1] 徐海龙,张文乐.当代中国大众文化价值观的代际接受差异[J].云梦学刊,2017,38(02):43-47.

成了个人利益独立化和多种利益群体并存的格局。利益主体的多元化必然带来利益诉求的多元化，群体与群体之间、不同的个体之间都可能存在着不一样的利益诉求，有的还出现分庭抗衡、公开博弈的情况。不同的利益诉求，就意味着会存在完全不同的立场和观点。譬如，房价跌了，有人欢喜有人愁；小升初"微机派位"，有的欢天喜地，有的则一筹莫展；同样一部作品，有的拍手叫好，有的被立马拍砖；一项改革措施出台，有的举双手赞成，有的却极力反对……多元化的利益诉求，大多都会通过不同的观点或者多样化的批评直接呈现出来。

身处这样一个利益多元、诉求多样的社会，就需要我们尊重差异、接纳不同、允许并尊重别人表达不同的意见，正如那句广为人知的名言所说的"我不同意你的观点，但是我誓死捍卫你说话的权利"；需要我们超越一己之利，摈弃"一切皆说 NO，一切皆批判"的"愤青"情绪，心态平和地听听别人的"吐槽"而不急于反驳和批判；需要我们抛弃"道不同必然为敌"的偏见，理性地看待多元的利益诉求和价值主张。当形成了接纳不同、善于倾听的习惯，或许你会发现生活其实远比想象的美好，看似难以理解的背后，其实也都隐藏着难以言喻的善意和不加修饰的真诚。

（二）包容意味着要看得惯、忍得住

不少青少年朋友可能有过这样的经历，虽然跟某人无冤无仇，但看不惯他做的事、听不得他说的话，于是不惜一切代价说服他或者怼回去。只要看不惯，就可能会不爽，继而发难，与人发生不快，甚至直接攻击谩骂。

我们生活在互联网这个"地球村"，会遇到形形色色的人，也会碰到五花八门的言行，这里面肯定有不少是我们看不惯的，这是客观存在、无法回避的。这就需要调整我们的认知方式，改变居高临下、单一的思维方式，习惯用多元化的标准去看待他人的言行。每个人都有着自己的成长经历和教育背景，并据此而形成自己的认知方式和生活方式。如一个在责骂环境中长大的人可能会自卑怯懦，而在暴力家庭长大的人可能也会仇视他人、冷漠嚣张，甚至有暴力倾向；又如一个经常受歧视与非议的人，可能会变得戒备、会非议他人，而一个文化水平不高、通过经商发财致富的人可能会用"读书无用"来掩盖内心的不自信，等等。网络空间交往的匿名化、社群化、去中心化、碎片化等特征，在很大程度上又会将这些在现实生活中被约束的负面品行释放出来甚至放大。所以，我们在网络交往时遇到一些我们看不惯的言行时，只要他们没有违反法律和道德，就多提醒自己，这些言行的背后总有其根源和理由，以"和而不同"的方式去处理就好了。

在网络空间中，包容不但要看得惯，还要忍得住。不管他的行为或做法是不是你所喜欢的、所厌恶的，在真相未明之时，忍住不做任何评价、不去跟风指责是一种包容；忍住不去点赞、转发他人带有主观恶意的评论，不做批评者的帮凶是一种包容；当别人犯了错，已经被骂得很惨时，没有上去补上一刀，得饶人处且饶人,也是另外一种包容……这样等一等、忍一忍、缓一缓式的包容,能让你等待真相的水落石出,也能让你更加清醒、理智、全面地去分析这个问题,之后发表的意见会更加理性和成熟。

需要说明的是,包容也是讲原则有底线的,我们说的包容不是包庇、纵容错误,不是公序良俗的退让,更不是超越法律法规,而是以理性为基础、以维护网络空间交往秩序为目标的一种自觉自愿的精神和行为,强调尊重差异、接纳不同、允许多元、不盲目跟风指责、不当恶意批评者的帮凶、不雪上加霜。

孟子说,"爱人者,人恒爱之;敬人者,人恒敬之。"当你对别人报以微笑,别人也会报之以歌。当你尝试着去理解别人时,别人才会努力地去尊重你的意见和想法;当你以最大的善意去包容别人时,也才可能得到相同的包容。"人非圣贤,孰能无过",每个人都希望自己犯错时,能得到别人的宽容。这一次,你以道德的名义高举起无情的鞭挞之鞭,"风水轮流转",说不定下次这鞭就会抽到自己身上,那时你也需要别人的得饶人处且饶人。

世界那么大,每个人都与众不同,以包容之心接受差异,善待他人,尊重他人,才能得到别人的善待与尊重。

二、理解:尝试着换位思考

(一)以己度人的偏见

孔子曾经说过"己所不欲,勿施于人",但现实生活中我们似乎更擅长于用自己的喜好、心思和观点去看待或揣度别人。

比如对于追星这件事,似乎站在道德制高点去批判追星女孩是一件十分正确的事。美国学者亨利·詹金斯在《文本盗猎者 —— 电视粉丝与参与式文化》一书中这样描述过粉丝群体:"粉丝依然是当代文化中见不得人的丑陋范畴,是嘲讽与不安、恐惧与欲望的多重对象。无论是被看作宗教狂热分子、精神变态的杀手、神经质的妄想狂或者情欲偾张的'骨肉皮',粉丝一直被视为'疯子'或者崇拜错误对象的狂热者,他们的兴趣都从根本上迥异于'正常人'的文化体验,而他们的精神状态也危险地远离现实生活。"[1] 转换成网友的语言,就是在与"追星"有关的话题下面的一些回帖:"浪费时间,不务正业""败家孩子,把父母辛辛苦苦挣的钱浪费在一个所谓爱豆身上,你的爱豆给了你什么,还不如多给父母买点保健品""把追星的时间和精力花在学习上都可以考清华北大了"…… 可能你不追星,无法理解追星族们的情感,但从最基本的为人处事的角度出发,彼此素未谋面,对别人的行为动机一无所知,就妄自把自己的想法强加在别人身上,这样真的好吗?

没有亲身经历的人一般都很难理解,一个人究竟为何会为一个可能平生都无交集的人奉献到如此地步?为了帮爱豆修照片自学 PS,基础调色和预设修整套图达到了专业水准;手幅、应援牌也是手到擒来;PR 剪辑视频,逢人安利"爱豆"更是必备技能;在

---

[1] 〔美〕亨利·詹金斯. 文本盗猎者 —— 电视粉丝与参与式文化〔M〕. 郑熙青译. 北京:北京大学出版社,2016:15.

各大"超话"、论坛、贴吧为爱豆打榜是日常必备；有一定经济基础的追星女孩还会去线下应援，去接机、去看演唱会，与自己的"情敌"握手言和……我们可能觉得这都是很疯狂的事情，那是因为我们真的没有办法换位成当事人——她或许是一个北漂女孩，住着不足 15 平方米的小租房，每天挤地铁上下班，被上司苛责，被同事排挤，她从来都没哭过，总是坚强得让人心疼，除了听到"三小只"的名字。我们无法想象，为何一个人听到偶像的名字会哭成那样？女孩笑着说只要看到"三小只"就有满满的动力，他们的经历让她知道了坚持的意义。她愿意去努力工作，愿意加班熬夜，也愿意拿她工资的一部分去看"三小只"的演唱会……这就是追星族们，他们能隔着遥远的距离，用最招摇的方式去爱他们的偶像。偶像仿佛成了他们的信仰，追星也在某种意义上变成了他们的一种生活方式。倘若我们不换位思考，不去了解这一群体，很可能会因为网友"妖魔化"的描述和抨击对他们有诸多的误解与偏见。

（二）换位思考的理解

我们先来看一个小故事。

一个人请盲人朋友吃饭，吃得很晚，盲人说，很晚了我要回去了。

主人就给他点了一个灯笼，他很生气地说，我本来就看不见，你还给我一个灯笼，这不是嘲笑我吗？

主人说，因为我在乎你才给你点个灯笼，你看不见，别人看得见,这样你走在黑夜里就不怕别人撞到你了。

盲人很感动!

立场不同,思考问题的角度不同,就会得出不同的见解。如果我们总是以自己的视角去揣测别人的想法,就会像小故事里的盲人误会了主人一番好意一样,会误会别人的想法。所以,我们放弃以己度人的做法,多想一想他为什么要这样做,可能会得出完全不同的结论。

我们总是倾向于站在自己的角度去考虑问题,倾向于"严以律人,宽以待己",对别人斤斤计较却过分宽容自己。"吃饱了才有力气减肥",但好像从来没吃饱过;"看完这集电视剧一定睡觉",一不小心天就亮了……我们习惯给自己找太多的借口,眼里却容不得别人有丝毫的错误。如果我们能换一个角度,做到"严以律己,宽以待人",设身处地站在对方的角度去思考问题,就会多一些理解和宽容。当然,这里所说的"换位"关键需要一种设身处地的"感情代入"、一种心理换位的"将心比心",要努力去感觉、把握与理解他人的认知、情绪和情感,然后再尽量以对方的视角和思维去分析问题。简单地换个位置和角色,仍然以自己的思维去理解别人不能称为换位思考。

各位朋友可能会说,换位思考说起来容易,做起来难。当你是顾客时,你可能会认为商家太暴利,赚了自己很多钱;当你是商家时,你又会认为顾客太挑剔,太过斤斤计较。换位思考为何如此难?因为从自我视角出发看问题是人的本能,而换位思考强调从别人的角度来看问题，是反本能、反直觉的。举个简单的例子，即使我们从小就知道"地球围着太阳转"，但我们早上看见太阳初升时，仍然是从自己的直觉出发说："日出了！"而不是更加客观的"地转了！"所以，我们在看待和分析问题时，会更多地遵从自己的本能和直觉采用"自我视角"，而不是"他者视角"。正如网上有段子所说的：小时候我喜欢歌星的歌"哼哼哈嘿"，我爸对我是嗤之以鼻，这也能叫歌？如今我长大了，喜欢的歌星老了，而歌坛涌现出了一大批新星，我对此也是嗤之以鼻……

那么，我们在网络交往中如何做到换位思考呢？建议大家一定要在内心加强自律，先忍住表达的冲动，在发表观点前给自己预留一点沉默的时间，用来跳过本能的"自我视角"，切换到"他者视角"去思考。如果没有留出视角转换的时间，尤其是在有情绪的时候冲动发言，大多都是以自我为视角的"不吐不快"。在"换位"并进行冷静思考后，请想象和体会一下自己准备表达的观点，如果听到这个观点的是你自己，心里会是什么感受。然后，再根据自己的感受进行调整。如此循环往复，一定会慢慢形成换位思考的意识。下面分享一篇新闻评论，请朋友们试着分析一下这里面提到的不同群体的"自我视角"以及所体现的换位思维。

"勿需让座"期待换位思考

满头银丝如雪,笔挺地站在地铁车厢里,腰部挂着的LED小牌上,"勿需让座"四个字分外显眼……6月24日以来,大连76岁的老人刘增盛此举,引起网民狂赞,老人说,是怕给其他乘客增加负担。

在公交车上给老年人让座,本来是一种传统美德。然而,随着野蛮强制要求让座的新闻以及衍生关于道德与权利关系的评论出现,让一些人觉得不让座就是理所当然的,甚至出现了荒唐理由:"如果你有足够的功劳,自然可以开私车,若你没有功劳,我凭什么尊重你?让不让是我的权利和自由,你没有权力叫我给你让座"云云。

的确,让座不是法定义务,不过公交车上"给老弱病残让座"也是一种约定俗成的"规矩"。想象一下,公交车上常会出现前方出意外,紧急刹车的情况,其惯性往往会将年轻人摔倒,若是一个没有座位的老人在车上摔倒了会怎么样?

76岁老人挂着"勿需让座"的牌子乘地铁,是换位思考。他看到年轻人工作压力大,想让年轻人坐地铁时歇歇脚。但年轻人也应该换位思考,思考老人体力下降,紧急刹车时可能会有危险,更应该主动为老年人让座。

点赞这位老人,绝对不应该倡导不让座,而是呼吁换位思考,每一个人在公共空间里,不能只考虑到自己,还要考虑到别人。

换位思考，相互理解，年轻人主动"尊老"的同时，年长者亦要悉心"爱幼"，彼此良性互动，共建和谐。

（选自左崇年：《"勿需让座"期待换位思考》，载于《河南日报》2019年7月3日第13版）

三、防卫：自我保护不可少

在互联网这个江湖，难免会有一些三教九流的江湖骗子，也难免会遇到一些戾气很重的"网络喷子"。对青少年朋友而言，在纷繁复杂的网络世界里，树立自我防护的意识，掌握一些自我防护技巧，还是非常有必要的。

（一）不要被自己的想象所欺骗[1]

我们在前面详细分析过，网友可以带着"ID"面罩在网络空间中轻易地实现匿名传播。在原有的社会身份消除后，我们心中的"小恶魔"容易蹦出来，做出一些摆脱社会规范约束的不理性行为。其实，在网络空间中运用微信、QQ等进行匿名交往，还有可能会带来另外一种结果——自己被自己的想象所欺骗。

我们在网上隔着屏幕进行匿名交流时，大家不知道彼此的真实身份，只能从双方的只言片语中去恢复彼此隐匿的真实信息。

---

[1] 本部分的观点主要来自笔者的论文：姚劲松. 新媒体中人际传播的回归与超越——以即时通讯工具QQ为例[J]. 当代传播,2006（06）:53-55.

譬如,不断试探对方的职业等相关个人信息。社会学家库利曾提出,"交流的冲动产生想象的交流"。真实身份信息的缺乏给交流双方留下了想象的空间,而这种想象往往是根据自己心中理想化的交流对象进行的。所以,想象往往是理想化的,"超现实的"。也就是说,男性网友大多是根据自己心目中的"白雪公主"想象自己的交流对象,而女性网友也大多会把自己的交流对象想象成自己心中"白马王子"的模样。

同时,交流双方在交流过程中都很可能会努力塑造"理想化的自我"。人们在交流的过程中,都是有选择地展现自我,譬如大多会强调自己的优势条件而隐藏自己的缺点。在现实生活的面对面聊天中,我们的一些弱点如高矮、害羞、不善表达等是很难隐藏的。在网络空间中,交流的任何一方都可以按照自己的意愿,选择恰当的交流方式和手段,去强调自己的优势、隐藏自己的缺点,从而塑造出"理想化的自我"。善于言辞者可以用语音发送消息,不善言辞者可以选择用文字发送信息,甚至可以将二者进行组合运用;在利用语言进行交流时,还可以灵活运用表情包、动图、音乐等营造氛围、调动情绪。此外,网络聊天延时交流的特征,还可以让网友通过网络搜索功能搜集资料,对聊天内容进行有效设计。本来文化水平不高,但可以通过搜索技术的支持把自己包装成才高八斗、学富五车的人,正如瓦尔特所说:"他们花更多的时间来设计所要传递的信息,而不是总在与别人进行交流,这样互联网传播的使用者就可以对自己进行客观地评价、反思、选择，最后向对方传递能更好展示自我的信息。"[1]

分析到这里，能得出什么结论呢？"理想化的自我"与"理想中的理想化的交流对象"进行交流，交流的过程也是理想化的、超现实的，能够较好地满足双方的情感体验和形成理想化的亲密关系。现在，朋友们应该能理解为什么会有网友对网络聊天如此痴迷、深陷网恋之中了吧？为什么很多网友见面都容易"见光死"了吧？

再进一步看，《"抠脚大汉"化身"女神"诈骗》这类新闻我们应该听说过。"抠脚大汉"为什么能够化身为"女神"？为什么很多男性网友相信他就是"女神"？除了骗子的骗术防不胜防外，很大一个原因就在于匿名交流之下带来的想象化、理想化的交流体验。"平安东莞"曾揭示过"抠脚大汉"化身为"女神"的诈骗套路。

诈骗第一步 —— 加好友。

利用微信、QQ等社交平台添加好友，好友来源有三个方向，一是自己的同学朋友；二是附近的人；三是婚恋或其他交友类网站。

诈骗第二步 —— 培养感情。

添加好友后，骗子会先跟好友培养"感情"，就是日常跟你聊聊天，骗子所有的聊天内容都是提前精心准备好的"剧本"，包括

---

[1] 王衡，刘晓戈.试析互联网中的人际传播[J].现代情报，2002（11）:58-60.

朋友圈和 QQ 空间的内容，都有提前准备好的版本。

诈骗第三步 —— 编造理由要钱。

待双方稍微熟悉后，骗子会用另一套话术继续"升温"感情，由普通的聊天变成暧昧的交谈，等到受骗者对骗子着迷后，骗子就开始编造各种理由"要钱"。但通常要的金额都不高，所以很多受害者并未在意。

"抠脚大汉"的真实身份是隐匿的，但通过朋友圈、QQ 空间发布虚假的"美女"信息，让男性网友想象着在跟真实的"美女"交流，让他们在对"女神"的迷恋中落入早已精心布置好的骗局。

在网络匿名之下，我们要擦亮眼睛、清醒头脑，谨防被自己的想象所欺骗。

（二）不要被骗子的"套路"所欺骗

不知道朋友们是否收到过网络诈骗电话或者信息。现在，网络诈骗的方式层出不穷，像病毒一样在网络空间无孔不入，并且也像病毒会变异一样不断升级换代出现新变种，其手段越来越隐蔽、诱惑性越来越强、危害性越来越大，令人防不胜防。2019 年 2 月，公安部新闻中心、公安部治安管理局官方微博"中国警方在线"公布了 60 种典型网络诈骗手段。因为篇幅受限，这里仅以条目的形式呈现。如果需要对每种诈骗手段进行详细了解，请在百度搜索"公安部公布 60 种典型电信网络诈骗手段"即可获取详细资料。

资料链接

一是仿冒身份欺诈。具体有:冒充领导诈骗,冒充亲友诈骗,冒充公司老总诈骗,补助金、救助金、助学金诈骗,冒充公检法电话诈骗,伪造身份诈骗,医保、社保诈骗,"猜猜我是谁"诈骗。

二是购物类欺诈。具体有:假冒代购诈骗、退款诈骗、网络购物诈骗、低价购物诈骗、解除分期付款诈骗、收藏诈骗、快递签收诈骗。

三是活动类欺诈。具体有:发布虚假爱心传递、点赞诈骗。

四是利诱类欺诈。具体有:冒充知名企业中奖诈骗、娱乐节目中奖诈骗、兑换积分诈骗、二维码诈骗、重金求子诈骗、高薪招聘诈骗、电子邮件中奖诈骗。

五是虚构险情欺诈。具体有:虚构车祸诈骗、虚构绑架诈骗、虚构手术诈骗、虚构危难困局求助诈骗、虚构包裹藏毒诈骗、捏造淫秽图片勒索诈骗、虚构外遇流产做手术。

六是日常生活消费类欺诈。具体有:冒充房东短信诈骗、电话欠费诈骗、电视欠费诈骗、购物退税诈骗、机票改签诈骗、订票诈骗、ATM机告示诈骗、刷卡消费诈骗、引诱汇款诈骗。

七是钓鱼、木马病毒类欺诈。具体有:伪基站诈骗、钓鱼网站诈骗。

八是其他新型违法类欺诈。具体有:"校讯通"短信链接诈骗,交通处理违章短信诈骗,结婚电子请柬诈骗,相册木马诈骗,金融交易诈骗,办理信用卡诈骗,贷款诈骗,复制手机卡诈骗,虚构色情服务诈骗,提供考题诈骗,盗用账号、刷信誉诈骗,冒充黑社会敲诈类诈骗,公共场所山寨 Wi-Fi,捡到附密码的银行卡,账户有资金异常变动,先转账、再取现、后撤销,补换手机卡,换号了请惠存。

（摘自《公安部公布 60 种典型电信网络诈骗手段》,载于《中国防伪报道》2019 年第 5 期）

面对网络骗子层出不穷、不断更新迭代的套路,我们如何预防？[1]

首先,保护好个人信息。不少朋友可能收到过诈骗信息,诈骗者居然知道我们的电话号码、姓名甚至就读的学校或工作单位、住址、身份证号码等信息,导致我们容易相信他们是相关国家机关的工作人员,进而上当受骗。可以说,个人信息泄露已经成为网络安全中的重大问题,个人信息一旦泄露,与之相关的账号安全都将受到威胁,很容易造成潜在安全隐患和不良后果。所以,我们在网络交往中要保护好个人信息,不要轻易提供 QQ 密码、证件信息、手机号、银行卡、短信验证码等信息;不要随便在街头扫描二维码,填写调查问卷时不要随意留下银行卡号、证件号等重要信息;不要轻易点击陌生链接,不在不明网站注册身

---

[1] 以下预防网络诈骗的内容综合自《电信网络诈骗多"套路"需提高警惕》,《中国防伪报道》2018 年 12 期等文章。

份信息等;在无法确认 Wi-Fi 安全系数的情况下,不要进入不需要密码的不明 Wi-Fi;在朋友圈分享自己的状态时,要注意防止泄露个人信息。

其次,要擦亮眼睛。虚拟网络中的交往并没有表面上看起来那么简单纯洁,我们要保持对各种安全威胁信号的敏感度,提高警惕性,多了解预防诈骗的措施,切莫交浅言深。网络诈骗的手段不管如何翻新花样,但最终目的还是骗钱。所以,对方以各种名目要求转账、发送红包等涉及钱财方面的要求时,都要提高警惕以免上当;凡是通过电话、微信、QQ 等告知涉嫌犯罪、询问资金状况并支招规避审查的,都是诈骗。不轻信来历不明的电话和手机短信,如果对方掌握了自己的个人信息,要进行多维度的再三核实。若遇到亲朋好友通过微信、QQ、短信等借钱,一定要通过电话核实确认。要养成设置好友备注的习惯,以此帮助识别“克隆”好友,一旦发现微信号、QQ 号被盗,应及时冻结账号,通知其他好友切勿上当,并及时报警。面对良莠不齐的网络信息,要提高自己的辨别能力。切忌过于自信,在众多受害者中有不少是接受过高等教育的知识分子。如果迷之自信,过于高估自己,在花样百出的骗术面前也同样会中招。

再次,相信天上不会掉馅饼。网络诈骗与生活诈骗本质上是相同的,被骗的人大多受“贪图小便宜”“轻轻松松赚大钱”等心理驱使,钻进了诈骗的套路里。所以,莫贪图小便宜是杜绝网络诈骗的有效办法。一旦对方告诉你,在带有附加条件下可以获得

不要发定位

明显高于商品价值的利益，或者可以很容易获得高额回报时，就需要保持警惕了，一定要巩固心理防线，不管对方使用什么花言巧语，都要经受住诱惑，绝不向陌生人汇款、转账，做到"你演得再辛苦，我就是不轻信、不透露、不转账"。一旦发现自己上当受骗，要沉着冷静、迅速报警，及时为警方提供证据和线索，为抓获违法犯罪分子，及时挽回财产损失争取"黄金时间"。

第四章

理性交往：网络语言的「星光大道」

有江湖，就有规矩。互联网江湖也有自己的规矩，不能不守规矩乱来。广大网友在这个江湖各尽其才、各显其能、各取所需、各得其乐，但也需要遵守集体生活规则和公共生活秩序。"网络交流，不是在自家客厅里自说自话，需要尊重议事规则；公共空间，也不是锁在抽屉里的日记本，需要保持公共理性。有表达就有责任，有自由就有担当，有言论就有边界，每个人有了这样的主体意识、媒介素养，才能呵护好我们共同的集体生活，让我们这艘信息汪洋中的小船，不致被喧嚣的情绪吞噬和倾覆。"[1] 身为江湖人，不惹江湖事。青少年朋友要在互联网江湖出走半生，归来仍是少年，是需要带上一些必备锦囊的。

接下来，让我们去了解青少年朋友在网络空间走向理性交往、在互联网江湖如鱼得水的必备锦囊。

[1]　人民日报评论部. 涵养媒介素质，才有最美和声［N］. 人民日报,2015-02-26（005）.

第一节　从即时表达到延迟判断

先给大家设定一个情景,当你身边的朋友在神秘地讨论某个同学的八卦或者隐私时,你是毫不犹豫地跟随大家的话题附和,还是暂时不发声等待了解事情的来龙去脉后再做判断呢? 前者就是"即时从众",即旁观者在情绪的主导下不加思考就参与话题;后者是"延迟判断",即对某件事推迟参与,不马上做出决定,而是弄清事情真相后再做出自己的判断。换一个通俗易懂的说法就是,"一字诀"——等!

一、即刻所见未必为实

泰国的公益广告短片《暴力老板娘》,讲述了老板娘在菜市场对摊贩们的所作所为以及"暴力"行为背后的故事。在这个视频中,大量的网友仅凭片段就认定是老板娘欺负商贩,在网民的转发和恶评下,菜市场几乎没有顾客了,一切看起来都特别正义,但这真的就是真相吗? 眼见未必为实,事实是:因为摊贩不诚信,用动了手脚的秤给顾客称东西,老板娘愤怒摔了摊贩的秤。困

缺斤少两

难户卖不掉的东西老板娘全盘接收,还为残疾人提供菜场的摊位……仅仅凭摔秤这一片段,网友便想当然地把老板娘定性为十恶不赦的人,与真相完全相反。

再给各位青少年朋友分享一个演讲《可贵的沉默》,这是时年25岁的中国传媒大学硕士研究生吕强在北京卫视播出的《我是演说家》中所做的演讲。

有人说,言论的自由嘛,情绪的宣泄嘛,没什么。真的没有伤害吗?

这样一条新闻:一个老太被外国人撞倒了,摄像师拍摄之后上传网络,给予的标题是:《老太讹诈外国友人》。一时间老太碰瓷又成了众矢之的。但事实是,老太根本就没有碰瓷,甚至是这个外国小伙,他骂粗口在先。这个过程中受害的是这位老太,恐怕还有现在已经岌岌可危的信任底线。

这样一组照片:一个小学生给老师挡伞。上传到网络后,大家开始说,这个老师品行低劣,缺乏师德。但事实只是,他们师生关系很密切,小学生主动挡伞。这个过程中受伤害的是这位女老师,恐怕还有现在已经脆弱不堪的道德准则。

信任、道德就这样被我们所谓不沉默步步紧逼,媒体不沉默,他们在利用我们的仇恨以换取我们的点击;网友也不沉默,他们在前赴后继地奔赴一场叫作不沉默的狂欢。但是多少戕害,假自由之名,我们好似收获了一片言论的旷野,梦想的一次信马由缰,但是最后纵情驰骋的到底是我们的所谓自由？还是愤怒的任性？为什么我们不能沉默一下？

稍微等一等，等一等真相，等一等事实，等一等法律的公正，倾听新闻当中每一个人该发出的声音，这样才不会有那么多无端的伤害，才不会让我们仇恨的惯性又在这个世界横冲直撞，让无辜者遍体鳞伤。

（节选自 2015 年 10 月 4 日播出的《我是演说家》第二季第七期，吕强《可贵的沉默》）

在演讲中，吕强用"不沉默"描述网友们不愿意沉默、不愿意等待，而倾向于即刻表达观点、随意宣泄情绪，给他人乃至社会带来的戕害。网络空间的社群化传播特征，使网民容易受到群体情绪的感染与暗示，容易在群体的裹挟下丧失理性、盲目跟从，做出非理性的行为。

网友在网络空间快速做出应激反应的过程中，很容易把即刻所见的只言片语当成完整的信息甚至真相去理解，把特殊的一个点当成一个面看待，并以此形成强烈的单纯判断；容易把特定的话语抽离原来的语境去解读，凭借即刻所见的片段信息进行"盲人摸象"式的理解和判断；容易把复杂的问题进行简单化处理，聚焦一个点的表象而误读了整个面的真相 …… 如此种种，导致真相还没有到来的时候，就已经把舆论搅和得不可收拾了。

所以，大家要时刻提醒自己，我们即刻所见的，未必是真实的,看似不可理喻的事件背后可能还有没有交代的隐情与背景,看似不可思议的话语或许有着我们不了解的特定表达语境。事件的呈现需要一个过程,我们没法像记者一样去采访调查、弄清真相,但我们至少可以做到静待事件的呈现、静待真相的揭示,在事件未明时不受情绪的主导,沉住气,不参与评论,更不去跟风指责、攻击谩骂,从而避免给已经混乱不堪的舆论场"添堵",也避免自己成为以语言暴力戕害他人的施暴者。

"让事件再飞一会儿",理应成为当下我们在话语表达时应有的态度。耐心等待事实,时间可能会带来你意想不到的反转。

二、即时表达难免冲动

接入网络空间中的各种新媒体终端成为一种"5A"媒体,即任何人(any one)可以在任何时间(any time)、任何地点(any place)通过任何媒体(any media)传播任何信息(any information)。"5A"媒体的普及与便捷,使得网友在网络空间中的观点与情绪表达越来越方便,一句话、几个标点、几个表情就能表达一个态度,发表一个观点,而表达方式的变化和即刻表达的特征,也给人们的思维方式带来了变化。"有个很俏皮的说法,过去的笔者如今都成了'键人'和'鼠辈'。过去的传统媒体时代,我们都是在纸上写文章,所以自称'笔者',如今都是在电脑前打字,用的是键盘和鼠标,故是'键人'和'鼠辈'。从'笔者'到'键人'和'鼠辈',不只是称呼的变化,更是思维方式的变化,对我们的判断提出了很多挑战。用笔写字,有思考的空间,最后发表在报纸上,更有把关的空间。而如今在键盘上打字,是非常快的,快得没有了思考的空间,情绪、偏见和浮躁轻易便会输入电脑,再加上便捷的、没有把关的发表平台,更没有了空间去思考。"[1]

"5A"媒体除了让"快速"的即刻表达成为可能,并潜在地挤压了思考的空间外,还让这些表达得以面向大众进行广泛传播。在接入网络空间前,我们更多作为信息接收者存在,很少有机会面向大众就某个事件或观点发表自己的看法,最多只是在生活中与亲人、朋友、同学等闲聊几句,我们的随意表达和情绪宣泄很难形成影响力较大的舆论。在网络空间中,我们每一个个体的观点和态度都可以借由 BBS、博客、微博、微信公众号、朋友圈等汇聚成舆论的海洋。在这个过程中,我们前面讲的污名化、标签化、刻板印象、网络从众、群体极化、匿名性、站队思维等都可能会发生作用,让我们对事件来不及进行冷静的分析和理性的判断,就做出即刻的应激反应,随意的宣泄、肆意的谩骂和子虚乌有的杜撰往往夹杂其中。比如,一旦新闻中出现女性"被家暴"或"被出轨",大部分网友立马就会站在道德的制高点去揣测当事人,迫不及待地去跟风责骂、评论和转发,对当事人的点评、搜索、公开隐私等行为很有可能演变成网络暴力,对他人

---

[1] 曹林.时评写作十六讲[M].北京:北京大学出版社,2020:285.

造成严重伤害。作为即刻表达的网民,可能本身并无太多主观上的恶意,只是单纯地表达而已,但这种表达却很可能潜在地成为一种加害行为。

所以,在"5A"媒体营造的网络舆论环境中,克制立即表达的冲动,在事实不清时不仓促判断,在未经深思熟虑时不草率表达,以等一等、缓一缓、想一想的耐心给自己留足思考的空间,把快速的即刻表达转换为慢下来的理性表达。对此,《中国青年报》编委主张大家要"慢下来":

在某个媒体上看到一件让你感到很荒唐的事件时,慢下来,看看另一家媒体的报道。

在网络上看到一个让你感觉愤怒的"雷人雷语"时,慢下来,看看当事人是不是说了这句话,说这句话的语境是什么。

在新闻中看到某个当事人让人感动、温暖或流泪的悲情叙述时,慢下来,看看当事另一方的叙述。

在微博上看到一篇让你热血沸腾无比激动的文章时,慢下来,仔细想想,过十分钟再想想,看还会不会热血沸腾。

人在热血沸腾的时候,其实是最脑残、最不动脑子、被别人的情绪所操纵的时候,需要慢下来,才能与情绪、冲动和操纵保持距离感。

对,慢下来,就是与那些试图操纵你的大脑、让你停止思考的元素保持距离,距离才能产生理性。一旦快了,条件反射般地做出判断,就容易不分青红皂白,就容易不由分说,掉进了别人设置的情绪陷阱,表现出别人所期待你扮演的角色和需要的观点,成为别人操纵的木偶。

(引自曹林:《时评写作十六讲》,北京大学出版社 2020 年 1 月,第 32 页)

在一切皆求快的现代社会,我们需要尝试慢下来进行思考;在人人都有麦克风的时代,不随意表达才显得难能可贵! 在真相未明之时,在未经过深思熟虑之时,我们建议你保持沉默。如果你不保持沉默,你即时随意表达的一句话,都可能成为"雪崩"之时的那一片雪花;你轻飘飘敲下的那一句谩骂甚至一个鄙视的表情,最后都可能成为压垮他们的最后一根稻草。

第二节 从过度娱乐到筑牢底线

一、娱乐正大行其道

尼尔·波兹曼在他的媒介批评三部曲之一的《娱乐至死》中提到,在美国,到了19世纪末期,"'阐释年代'开始逐渐逝去,另一个时代出现的早期迹象已经显现。这个新的时代就是'娱乐业时代'",表现为美国电视全心全意致力于为观众提供娱乐,把娱乐本身变成了表现一切经历的形式,"不管是什么内容,也不管采取什么视角,电视上的一切都是为了给我们提供娱乐"。[1]从20世纪90年代开始,我国媒体也逐渐刮起一阵阵娱乐旋风,网络更是以丰富的形式和手段把"娱乐业时代"快速向前推进,目不暇接的娱乐综艺、离奇猎艳的新闻资讯、林林总总的情感故事、生生不息的男欢女爱、风趣幽默的搞笑段子、肆意恶搞的视频短片……网络空间正日渐成为娱乐内容、网友狂欢的聚集地,也不断诱发着人们对娱乐无穷无尽的欲望。

---

[1] [美]尼尔·波兹曼. 娱乐至死[M].章艳译,桂林:广西师范大学出版社,2004:84,114.

娱乐之所以在网络空间大行其道,在于追求娱乐、追逐快乐是大众的共同需求。在精神分析学派看来,人格结构由本我、自我、超我三个部分组成。其中,"本我"按照快乐原则行事而不理会社会道德和外在规则,甚至与其相对应的是人类的"原始兴趣和需求"。因为"本我"的存在,"我们整个的心理活动似乎都是在下决心去求取快乐而避免痛苦,而且自动地受唯乐原则的调节"[1]。所以,"本我"主宰着我们对快乐和娱乐的追求,尽管每个人有着不同的兴趣和爱好,但因为"本我"的存在,绝大多数人都倾向于追求快乐、避免痛苦,乐此不疲地卷入猎奇、八卦、狂欢等娱乐追逐中。以八卦为例,学者们认为人们喜爱八卦源于一种本能,因为它能带来纯粹的快乐,甚至将它比喻为"精神口香糖"。

八卦所产生的刺激类似于生物性梳毛,能够直接刺激内啡肽分泌,产生生理性愉悦。八卦能够供人打发时间,无需如处理技术性信息那样榨取大脑的注意力资源,从而实现生理意义上的放松;八卦是一种即时消遣,单单讲八卦本身就能获得快乐,而无需任何延时等待;八卦的传播者因占有一项别人不知道的信息而获得权威感,又通过传播这种信息彰显了能够自我表达的言语能力,从而获得自我肯定的愉悦;八卦又是一种低成本的刺激:背后论人长短的八卦行为是一种禁忌,它冒犯了追求公开、公正的组

---

[1] [奥]弗洛伊德. 精神分析引论[M].高觉敷译.北京:商务印书馆,1984:285.

织法则，因此，每一场八卦都是一场冒险。当人们在谈论那些违反规则的八卦对象时，他们本身也在享受着挑战规则的战果。上述种种快乐对八卦参与者来说几无成本，却收益巨大。

（选自闫岩、任禹衡：《从八卦到八卦新闻：起源、功能与争论》，载于《新闻记者》2020 年第 8 期）

另外，从技术、成本、政策等角度考虑，娱乐性质的软新闻、软题材比严肃、理性的题材和内容更容易操作，承担的风险也更小。[1] 这就意味着，娱乐的题材、内容及形式在网络空间中更容易受到追捧，能用更小的风险、更低的成本获得更多的关注和流量。

我们应该首先正视网络空间所提供和创造的娱乐具有的重要意义和价值。德国古典美学家席勒认为，"只有当人在充分意义上是人的时候，他才游戏；只有当人游戏的时候，他才是完整的人"[2]。娱乐与我们每个人的"本我"相连，是人类游戏本能的自然宣泄，也是人类的一种重要生命活动方式，对促进人的发展与完善有着积极作用。套用联想集团的经典广告"人类失去联想，世界将会怎样"，我们用"世界失去娱乐，人类将会怎样"来强调娱乐的重要性，一点儿也不过分。网络丰富了娱乐的内容、创新了娱乐的形式、降低了娱乐的门槛，让不同经济阶层的人能够享受

---

[1] 姚劲松. 以发展理念反思市场逻辑下的新闻价值观 [J]. 西南民族大学学报（人文社科版）,2010,31（01）：117-121.

[2] ［德］席勒. 美育书简 [M]. 徐恒醇译. 北京：中国文联出版公司,1984:90.

同等的娱乐,能够更广泛地满足个人追求快乐的本能欲望,能随时随地帮助人们释放压力、放松心情、缓解情绪,促进人们在心理和精神层面实现自我更新,在一定程度上起到了社会减压阀的作用。在前面提到过,不少网络语言之所以能够风靡网络,就在于其本身的风趣、幽默满足了人们消遣娱乐的需求。

二、娱乐也需要底线

不容忽视的是,网络空间出现了泛娱乐化和过度娱乐化的现象,一些网友借助"人人都可以发声"的技术赋权和相对宽松的表达环境,开始逾越基本界限、放弃基本规则,日渐形成一切皆可娱乐、一切皆可调侃、一切皆可恶搞的不良风气。他们以娱乐的心态去围观严肃甚至悲剧事件,以戏说的形式去解构经典与崇高,以戏谑的态度去调侃历史与英雄,以狂欢的方式去宣泄与恶搞,"不少娱乐信息的提供者给人们带来了'解构无禁忌'的印象——任何严肃的事情都可以拿来成为戏谑的对象,不管是群体遭受的苦难还是个人经历的悲剧,都被送上了'再创作'的'手术台'。"[1] 更无法理解的是,一些人将调侃与解构的对象指向了我们的英雄与历史。

---

[1]　邓立峰. 娱乐当然有底线,戏谑岂可无禁忌[N]. 中国艺术报,2018-07-23(002).

资料链接

　　一段时间内，恶搞英雄几乎成为一种时尚。我们民族的许多英雄人物一个又一个地接连被恶意糟蹋。

　　事迹曾经进入中小学课本、手托炸药包的英雄董存瑞，几乎与英雄刘胡兰一起被人恶搞。有人公开撰文，说董存瑞的事迹是作者根据一些蛛丝马迹编造的，根本不存在。此时，几位董存瑞当年的战友虽然已经都是耄耋老人，他们知道后拍案而起，用亲身经历愤怒驳斥。

　　更有甚者，打着"追求真相"的名义，对上甘岭的特级英雄黄继光公开提出质疑，认为用"粗浅的物理分析方法"就可以证明，堵枪眼的事是根本不可能发生的，很可能是记者为了哗众取宠的杜撰。否则，黄继光就是一个傻子，神经是有问题的。有人进而用恶搞的方式编顺口溜诋毁黄继光，说"枪炮基本不用，炸药基本失灵，全军趴着不动，围观一人玩命"。这种对英雄极大伤害的说法，竟然成为某些人调侃时引以为乐的谈资。事实真相是，在黄继光和他的战友经历的那场作战当中，黄继光所在的15军135团六连的官兵几乎全部阵亡了，重伤生还的战友万福来战后听说黄继光仅仅追授"二级英雄"时大为不解，他上述陈情，以亲眼所见讲述黄继光堵枪眼的伟大壮举，后来才有了黄继光被追授"特级英雄"称号。一个被后辈奉为"军神"的英雄形象，就这样被他们肆意践踏。

> 还有，为了潜伏被活活烧死的邱少云被人质疑是违背生理学常识，群体英雄狼牙山五壮士被说成是行窃乡里的土匪，至于助人为乐的雷锋更是被无端抹黑，无私奉献的焦裕禄也被随意丑化……有人愤怒地大声疾呼：我们到底还有多少英雄没被糟蹋！
>
> 捍卫英雄绝对不是一种杞人之忧，它是摆在我们面前的现实斗争。捍卫英雄，已经成为摆在我们面前的刻不容缓的任务。
>
> （选自陈先义：《捍卫我们的英雄》，载于《解放军报》2015 年 5 月 22 日第 9 版）

显然，这样的戏谑和恶搞突破了娱乐的最基本底线，用网络流行语说就是"节操碎了一地"。对此，有评论批评道："当历史仅归于娱乐之时，也就是历史被虚无主义绑架之时，这直接瓦解着社会的价值底座、人们的精神信仰……娱乐化一旦过度膨胀，其必然的结果就是审美取向感官化，价值取向虚无化，政治取向戏谑化，道德取向去崇高化"，这样的"娱乐"虽然不是主流，但"这种'娱乐'示范，同样会产生'愚乐'效应，尤其是对那些价值观尚未定型、鉴别力还有欠缺的青少年。"[1]

从娱乐伦理的角度看，"娱乐作为人类生活中的一个重要

---

[1] 人民日报评论部. 追寻意义，走出"泛娱乐化"［N］. 人民日报，2015-08-14（005）.

活动，受到道德的规范和影响。娱乐主体在娱乐活动中，都会自觉或不自觉地遵守某种道德规范，总是受到个人的道德意识支配。"[1] 所以，网络空间中的娱乐、调侃、戏谑、恶搞也是有底线、有禁忌的，我们在日常生活中应当遵守的社会道德标准、法律规则和基本界限在网络空间中同样适用，不能进行没有底线的娱乐、没有限度的戏谑、颠倒黑白的解构和罔顾常识的戏说。

进一步看，在人格结构中，除了遵循快乐原则的"本我"外，还有遵循现实原则的"自我"和遵循道德原则的"超我"，三者需要和睦相处，保持平衡，人才会健康发展。"超我"由社会规范、伦理道德、价值观念内化而成，大多站在"本我"的对立面，抑制"本我"追逐原始本能的冲动并对其进行监控，促使我们抑制本能、追求完美；"自我"遵循现实原则，不断调节"本我"与"超我"之间的矛盾，倡导以合理的方式来满足"本我"的要求。这就从根源上决定了，尽管追逐快乐、避免痛苦是人的一种本能，但也会受"道德原则"和"现实原则"的制约。这就意味着，尽管娱乐始终与我们相随，在我们的日常生活和发展完善中发挥着不可或缺的作用，但它并不是没有底线、不受约束的，也有着自己的边界和伦理要求。"娱乐是一种表面化的生活方式，与灵魂相隔，与梦想无关，更无法解决精神困境的种种问题。"[2] 所以，与网络交往中的调

---

[1] 吕浩,肖群忠.论娱乐的价值意蕴和伦理内涵[J].伦理学研究,2016（06）:111-114.

[2] 丁国强.泛娱乐化时代——读《娱乐至死》[J].博览群书,2005（01）:117-118.

侃、恶搞、戏谑的娱乐方式相比,我们更提倡用健康的审美型娱乐满足"本我"对快乐的追逐,"通过'怡情悦性''娱志赏心'使人净化心灵""从表现身心协调、自然和谐以及生命美好的娱乐形式中感受欢畅和美好"[1]。

第三节 从信口开河到言之凿凿

💡 你知道吗?

　　"信口开河"指随口乱说(信口:随口;河:"合"的谐音字,闭嘴)。原作"信口开合"。语见元·关汉卿《鲁斋郎》四折:"你休只管信口开合,絮絮聒聒。俺张孔目怎还肯缘木求鱼。"后多作"信口开河"。例如清·曹雪芹《红楼梦》三十九回:"村老老是信口开河,情哥哥偏寻根究底。"鲁迅《故事新编·序言》:"叙事有时也有一点旧书上的根据,有时却不过信口开河。"老舍《学生腔》:"文章不是信口开河,

---

[1] 吕浩,肖群忠.论娱乐的价值意蕴和伦理内涵[J].伦理学研究,2016(06):111-114.

随便瞎扯,而是事先想好,要说什么,无须说什么,什么多说点,什么一语带过,无须多说。"

（选自赵丕杰:《"信口雌黄"与"信口开河"》,载于《新闻与写作》2019年第5期）

客观地说,不少网友难以抑制表达的冲动,在真相未明、证据不足的情况下就毫无原则地质疑、跟风指责、信口开河、妄加评论,"人们轻易地把某种本能的怀疑抛出来,而根本没有做好提供证据和论证这种怀疑的准备——只是任性地说'我就怀疑''我就更相信谁'。"[1] 更有甚者,有的网友还故意制造谣言,抹杀事实,掩盖真相,恶意诬陷,从"信口开河"走向"信口雌黄"。无疑,网络交往要走向理性,需要抑制"信口开河"的随意表达,提倡"言之凿凿"的理性交流。

一、判断前先"兼听"

"所谓判断,就是在观察事物的时候掺杂了自己的主观判断,由此所得出的主张。也就是,'判断 = 事实 + 经验和主观意识'。我们无意识之中,就开始透过经验和先入为主的观念来看

---

[1] 曹林 . 事实不清时。耐心等待是最好的姿态[N]. 中国青年报,2015-04-01（002）.

待事物了。"[1]这就意味着,我们的理性判断与交流需要以事实为基础,需要超越先入为主的观念和单纯的经验判断。我们都知道,兼听则明,偏信则暗。多方了解、听取各种不同的意见和观点,才能让我们更全面地了解事件全貌、多角度地理解问题,防止因自身经验不足、视野有限、考虑不周而导致认识的片面性和粗浅化。

在每天都有各种信息奔涌而来的互联网时代,我们更需要有"兼听"思维。一方面,判断的形成必须以掌握足够、真实的信息为基础,也就是说判断依附于事实而存在,理性的判断需要以全面了解事实真相为前提。我们在第三章提到过,在"人人都有麦克风"的网络空间里,把关弱化甚至缺失,制约监督缺乏,信息传播者鱼龙混杂,观点表达者泥沙俱下,纷繁复杂的信息真假难辨,众声喧嚣的观点立场各异……这就需要我们"兼听"各方信息,顺藤摸瓜地接近事实真相,尽可能全面地掌握事实材料。另一方面,判断的形成除了要以事实为前提,还受到个人的生活经验、知识积累和主观意识的影响。我们每个人不可能是"万事通",总会存在着自己的知识盲区、认知局限和经验短板。这就意味着,尽管我们在网络空间都有表达自己态度和观点的权利,但讨论是大众的、专业是小众的,术业有专攻,艺术造诣再高的摄影师,大多也很难对转基因领域的事件做出专业的判断,"一个仅仅因为音

---

[1] 〔日〕西村克己. 逻辑思考力〔M〕. 邢舒睿译. 北京:北京联合出版公司,2016:71.

乐成就而闻名于世的音乐家,就经济或是全球变暖问题所提的观点没有权威性"[1]。从理性和有意义表达的角度看,我们并不一定具备对某件事情"发言"所需要的专业知识和经验积累,如果急于判断就只能纯粹依赖直觉和常识,或者进行情绪支配下的道德判断,或者"用一知半解、不懂装懂或自以为是的想当然去粗暴地攻击科学、粗俗地调侃专业,在贬低专业和科学中完成一次'消解权威'的想像"[2]。所以,面对我们不熟悉、不擅长领域的信息,应该有一种敬畏专业的意识和聆听专业解释的素养,在进行判断之前更需要多方倾听专业人士的意见。

如何做到"兼听"? 首先,按照前面讲的从即时表达转向延迟判断的建议,在夹杂着喧嚣,裹挟着情绪和充满着蛊惑的各色观点面前,我们要先慢下来,等一等,不要急于判断,不要盲目跟风,要时刻提醒自己,"如果急于表达结论和主张,那么论据就可能出现缺失"[3],需要在充分了解事实和各方观点的基础上进行冷静思考和审慎判断。其次,"兼听"的过程是更多了解事实、接近真相的过程。"如果数据和事实模糊不清,那么以此得出的结论就好比在沙子上搭建的房屋。它摇摆不定岌岌可危,一旦

---

[1] [美]D.Q.麦克伦尼.简单的逻辑学[M].赵明燕译.杭州:浙江人民出版社,2013:138.

[2] 曹林.我们还没有养成敬畏专业的习惯[N].中国青年报,2013-09-18(002).

[3] [日]西村克己.逻辑思考力[M].邢舒睿译.北京:北京联合出版公司,2016:67.

遭到别人的反驳,就会漏洞百出了。"[1] 所以,我们需要尽量寻找更多的信息源进行交叉论证,寻找权威的信息源辨识材料的真实性,并做到在事件未明朗,存有疑惑时不急于判断和发言。再次,"兼听"的过程也是通过信息搜索去全面了解各方意见的"观点综述"过程。我们要先弄清别人怎么看待这个事情,相关专家和网友们对这个话题有哪些代表性的观点,然后把这些看法和观点作为形成自己判断的起点。在这个过程中,尤其要以开放的心态去接触、看待各种不同的观点,如果只看与自己观点一致、自己愿意接受的信息,而以批判、排斥的心态去看待与自己意见相左的观点,就不是"兼听"而是"偏信",最终很可能形成偏颇的判断。

二、表达时要"有据"

大家都学过议论文的写作,都知道论点、论据和论证是议论文的三要素。论据存在的价值,在于为表达的观点提供充分的支持。可以说,充分了解、掌握、提供与我们想要表达观点相关的事实,是我们提出一个观点、表达一个意见的基本条件。同时,还需要用掌握的事实和逻辑去论证,用论据去说明或者证明自己的观点,"评说一件事,需要自己先想清楚怎么论证,不能自己还没想

---

[1] [日]西村克己.逻辑思考力[M].邢舒睿译.北京:北京联合出版公司,2016:9.

清楚就'急于说几句',结果只会是把自己的'不清楚'传递给大众,带来了更大的混乱"[1]。当然,我们在网络空间的意见表达中,不可能像写议论文那样展现严谨的论证过程,但至少需要在心里多问几次:我得出这个观点的理由是什么? 我所掌握的事实材料能否支持得出这个结论?

不可否认,在当下的网络空间中,缺乏论证过程、无视事实、没有逻辑的意见表达比较多。人民网曾专门刊文对无事实骨架、无内容血肉、无思想含量的"爆款"文章进行了批评。

最近在网上,"美国害怕了""日本吓傻了""欧洲后悔了"之类的文章,总能赚取不少莫名点击。然而,纵观这些所谓"爆款"文章,其内部水平却了无新意,令人担忧。比如,有的一味夸大、以偏概全,高喊《在这些领域,中国创下多个"世界第一"! 无人表示不服》;有的任意拔高、贻人口实,鼓吹《别怕,中国科技实力超越美国,居世界第一》;有的一厢情愿、照单全收,将国外的只言片语,放大成"中国在世界舞台上占据中心位置""中国现在是全球第一经济体"等声音。

这些"雄文"的共性,一无事实骨架,二无内容血肉,三无思想含量,徒有浮躁外壳,经不起一点风吹日晒。要知道,文章不会因为浮夸而增色,国家也不会因为自大而变强。挑动极端情绪、

---

[1] 曹林.事实不清时,耐心等待是最好的姿态[N].中国青年报,2015-04-01(002).

肆意传播偏见的后果，容易造成公众走进夜郎自大、自吹自擂狂妄误区，导致社会陷入信息碎片化、思维程序化的认知闭环。

……

好的舆论可以成为发展的"推进器"、民意的"晴雨表"、社会的"黏合剂"、道德的"风向标"，不好的舆论可以成为民众的"迷魂汤"、社会的"分离器"、杀人的"软刀子"、动乱的"催化剂"。新闻讲事实，讲真相，讲正道，来不得半点虚假和浮夸，那些热衷于要噱头、故弄玄虚、哗众取宠的路数可以休矣。

（选自林峰：《文章不会写了吗？》，载于人民网，转引自中国新闻网）

事实上，网络空间中缺乏事实和逻辑的随意表达，大家可能觉得已是一种司空见惯、习以为常的事情了，"对论证的藐视，充斥于社会生活的方方面面，不讲理像病毒一样流淌于社会的毛细血管中，以油滑为聪明，以诡辩为机智，以抖机灵为美，以语言上压过别人为能事，把谨慎当迟钝，把严肃当无趣。在段子的哄堂大笑中集体把逻辑踩在脚下"，不从具体事实出发，没有充分的论据，"观念先行，套路先行，远在千里之外想当然地扯，判断的热情远远高于论据和论证能力"。[1]可见，从"兼听"获得的信息和观点出发，以事实为基础，强调论证过程，注重论据支撑，进

---

[1] 曹林.时评写作十六讲［M］.北京：北京大学出版社，2020：304，323-324.

行有理有据的表达，是我们在网络空间中走向理性交往的必备素养。

三、转发时要"三思"

可能有朋友会疑惑，咱们谈的是网络空间的意见表达要有理有据，不要信口开河，"转发"与它们有什么关系？这里，我们首先要表明的观点是，转发本身也是一种观点表达，代表了转发者的态度和立场。

转发，原指文件的批转发送，现在多指一段消息或者一段文章的再传播。转发行为可以理解为，用户在社交平台中通过"转发""转发＋评论（或有提及他人）"他人信息的形式进行信息分享、交流甚至讨论的行为。毋庸置疑，转发能扩大信息的传播范围和覆盖面，尤其是经过网络大 V 转发的信息在传播速度和广度方面能形成几何级增长，迅速产生一种围观效应。

为何说转发也是一种观点表达呢？"转发本身成为定义新闻的一种新的方式！是否转发、转发什么、何时转发、如何转发，镶嵌于好友交往之中，在某种程度上比新闻机构的生产和发布更为重要，因为好友的新闻定义最终决定了新闻的阅读。"[1]可见，网友在转发信息的过程中，实质成了资讯、观点再传播的分发主体，不

---

[1] 谢静.微信新闻：一个交往生成观的分析[J].新闻与传播研究.2016.（04）：10–28.

仅是对信息的扩散再传播,而且也通过转发、点赞、评论等方式表达观点、创造意义。单纯的"转发",大多表达了一种认可、重视的立场,传递了一种"值得分享"的观点;而"转发 + 评论"的方式,则更多通过添加的评论或表情来表达立场和观点。所以,转发本身就是一种态度和观点的表达,不但决定着信息能否进入转发者朋友圈乃至更多网民的视野,还决定着后续阅读行为的产生及对其意义的理解。

转发也是一种轻巧的意见表达方式,我们动一下手指、按一下转发键就完成了一次意见表达,就轻而易举地实现了立场宣示、品位呈现或愿望表达。这就决定了,转发也是一种常用的意见表达方式。我们生活在网络空间中,都或多或少地转发过信息:或许是转发祈祷好运的锦鲤杨超越;或许是转发能代表自己品位和塑造自身形象的好文;或许是转发帮你表达了内心想法,而你不方便表达的观点文章;或许在真相未明时却受情绪感染,义愤填膺地转发了一些诸如"女司机逆行导致重庆公交坠江"的不实信息;或许在"求转求转,么么哒""求转!万分感谢!""震惊!看过的人都转了!""男默女泪!真相竟然是这样!""不转发就不是中国人!""必须转!再忙也要转!""转发后一生平安"等具有蛊惑性、诱惑性标题的文章,甚至在强迫、诅咒下被迫转发了一些谣言。

既然转发是一种常见的立场呈现和观点表达方式,那么我们也需要"三思而转"。"众人拾柴火焰高",每个网友不经意间的一次转发，经过积沙成塔、集腋成裘的累积，也能澎湃成汹涌的舆论。如果转发了不实消息甚至谣言，则成为潜在的谣言传播者，或者由"旁观者"转变为"火上浇油"的网暴施加者，而转发时的"一腔热血"也变成了舆论反转后的"一地鸡毛"。所以，在转发前也要慢下来，等一等，在兼听、论证、思考后再确定要不要转发、如何转发、何时转发，诚如有评论所言的"等一等真相出现，应当成为网络时代起码的涵养。面对网络事件，每位网民都应明白这样朴素的道理：你可以不发言，但你的每一次转发和点赞都是一种无形表态。只有让思考先行，力求了解事件的来龙去脉及全部真相，才不至于迷失在网络舆论的漩涡中。"[1] 而从促进独立思考和理性表达的角度看，相较于单纯的"转发"，我们更提倡"转发 + 评论"的方式，因为"在这一次次'只转不发'之间，我们正将独立判断和表达的权力让渡给意见领袖，成为思想的寄生虫"。所以，独立的、哪怕是只言片语的观点表达，能促使我们"不再仅凭读文章时候的片段印象和一时冲动去选择相信或不相信"，去"重新审视自己思想中的逻辑漏洞和情绪泛滥"；促使"我们从毫无压力的转发背后走向言论的前台，接受朋友圈里其他人的检视与商讨，以更加负责的姿态参与到公共讨论之中"[2]。

[1] 彭艺.网络世界同样需要理智和善良[N].湖南日报,2018-07-07（002）.

[2] 卢南峰.微信朋友圈:随手转发的"舆论场"？ ［N］.中国青年报,2015-03-18（002）.

第四节　从泛道德化到理性追问

一、泛道德化批判之风

当下的网络空间中,泛道德化批判之风较为盛行。所谓泛道德化批判,是"将一切社会现象道德化后再用理想主义、乃至双重道德标准予以否定性道德评价的一种批判方式"。其特点包括:一是将非伦理现象伦理化,把目光聚焦于道德领域,似乎今天中国遇到的经济、政治、法律、文化和社会等所有问题都与道德有关。二是在道德评价标准上的理想主义化和双重标准化,一方面,用理想化的和最高层次的道德标准衡量一切;另一方面,既是道德真理的拥有者,又是道德评价标准的制定者,总是用道德至善去评判与教育别人,而不反省自己,更看不到自己的道德瑕疵。三是在道德批判方法上将特称判断全称化,对偶发个案事件的负面道德效应任意放大,随意将道德主体由"个体"置换为"整体",把个案问题上升到整个群体乃至社会的问题。泛道德化批判对整个社会群体道德面貌持怀疑主义态度,要么认为社会不公,一片黑暗,自己受到了极其不公的社会对待,要么认为他人素质低下、良知不再,举世皆恶,唯我独善;同时,对青年人这一特殊群体的道德素质进行以偏概全式的否定性评价。[1]

对照泛道德化批判的概念,我们对网络交往中的泛道德化批判现象应该并不陌生,或许我们也曾在不经意间就成了站在某个立场、挥舞着道德大棒的批判者;或许我们也曾来不及深入思考,就在激动甚至冲动的浅薄情绪中,超越了复杂的事实本身,以道德判官的姿态居高临下地做出简单的是非判断。

资料链接

2012 年 5 月,一场暴雨让武汉多处出现积水,当天一幅关于保洁阿姨冒雨背女大学生蹚过水的照片在网上大量转发并引发网友热议。

网友们在对这位保洁阿姨表示高度赞许称之为"最美保洁阿姨"的同时,也对阿姨背上的学生进行了指责,质问其"没有脚吗?""敢情下的不是雨是硫酸,怕脚废了吗?难道阿姨就不是血肉之躯?"等,批判被背的女生太金贵、太矫情、抗压能力弱等,并上升到对家庭教育的批判、生发出对大学教育缺位的不满、想象出女性思想不独立和生活不自主的社会现状……

---

[1] "泛道德化批判"的解释综合自黄明理,吕林.泛道德化批判论析[J].马克思主义研究,2012(12):91−98+154.

　　网络舆论把事件的焦点聚集在双方的身份差异上，一个是清洁工，诸多底层大众的一分子，一个是女大学生，高等学府的一员，通过身份角色和生存现状的比较，众多时评把该事件渲染成"天之骄子"娇气和"劳苦大众"朴实、"长辈溺爱"和"晚辈不独立"的对比、强者对弱者的冷漠和欺凌等，建构出当事人所属阶层群体的道德行为差异和社会不公平的表达实践，双方被拉进道德天平，再次切割，重新称量道德值。网友们左手挥舞道德大棒，谴责学生素质低，批评学校教育不足；右手托起道德宝塔，将保洁阿姨的自觉行为圣化虚化神化，氤氲出大爱无疆、母爱伟大的网络舆论空气。

　　事后记者采访得知，"吴阿姨家中有一个儿子两个女儿，将心比心，她担心学生走水路会感冒，把学生当成自己的孩子，便决定背学生蹚水""起初学生也不想被阿姨背""有男生看到吴阿姨的举动后也主动过去背女生"……

　　就这样，原本一件简单而美好的"幼吾幼以及人之幼"的助人为乐事件激发了网友们的道德兴趣，引发了他们对学生道德的大肆批判。以至于保洁阿姨得知学生被网民批判后，陷入"那我岂不是做坏事了？"的担心与自责中。

　　（综合自纪国亮：《武汉清洁工冒雨背大学生上课 网友称学生太娇贵》，载于《城市信报》，刘锐：《泛道德化评论 你也是吗？》》

　　那么,为何网友们会乐此不疲地进行道德评价和道德批判?"谈道德,是人的一种本能。在一个人的价值观和思想资源中,道德元素往往占着压倒性的多数。所以当面对很多新闻和现象时,人们会本能地想到道德 —— 看到街上有人乱扔垃圾,会归咎于道德缺失;看到老人在公共场所让人反感的言行,会从道德层面归咎于老人变坏,坏人变老;看到共享单车被偷,会感慨道德沦丧、人心不古;看到有人遇险而路人表现冷漠,会痛心疾首于道德的倒退。"[1] 相较于科学维度的分析与评价,道德层面的评价或批判不需要以较高的理论修养、专业的知识和深入的分析为基础,不需要考虑事件的复杂性和问题的情境性,也不需要进行深刻的理性思考弄清问题的实质,只需要高扬自己的道德标准,拿着一把道德尺子进行测量,把复杂的问题简单而粗暴地贴上是与非、对与错、应该与不应该、美与丑、高尚与低级等标签,就轻而易举地完成了。关键还在于,一些网友发现,通过道德表态可以很容易占领道德高地,通过道德批判他人就能摇身变为正义感超强的人,在以道德之名对他人的猛烈抨击中获得了道德优越感,也刷出了一种满满的存在感。同时,相较于其他发泄方式,藏在屏幕后面对他人进行道德抨击,也是一种成本低、隐蔽性强的发泄方式,也有部分网友选择这一方式来发泄情绪、寻找快感。

　　与泛道德化批判相伴随的还有道德绑架。所谓道德绑架,是

[1] 曹林.时评写作十六讲[M].北京:北京大学出版社,2020:96.

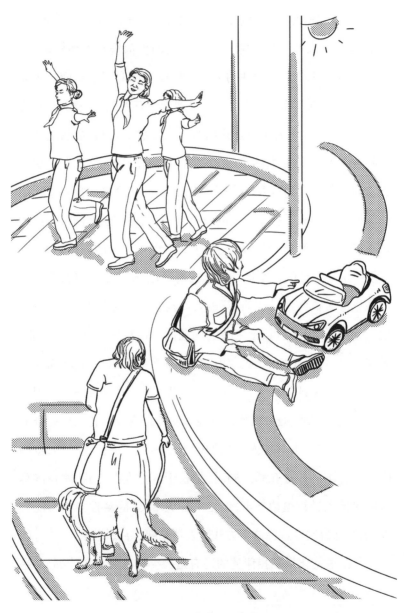

公共秩序共同遵守

人们以自己认定的道德标准(这个标准有时是以社会公认的道德标准体现的),干涉他人(或群体)道德行为选择的一种行为,是一种"愿望的道德"。具体而言,道德绑架是"绑架者"通过制造社会舆论的方式,以自己认定的道德标准,对特定个人的道德行为选择进行暗示或公开提出要求,将"应该做的"变成"必须做的",甚至"不一定是这个人应该做的"变成"一定是这个人必须做的",将本来不属于"这个人"的道德义务变成"这个人"必须要承担的道德义务,最终迫使"被绑架者"去做或不做某一行为,以符合"绑架者"的主观愿望。与对已经发生过的道德行为进行道德评判不同,道德绑架是对"尚未发生的行为",或主观上虽已做出选择但没有付诸行动的人进行"道德审判",是一种"事前的道德审判"。现实生活中,诸多"绑架者"敦促或者希望强者(主要是指在经济能力和社会地位等方面占优势者)向弱者伸出援手,帮助弱者渡过难关或者伸张正义,甚至视自身为正义的化身,虽然其动机或出发点通常是"善"的,却往往导致"恶"的结果,不仅限制了道德主体的意志自由,而且通常置"强者"一方的权益于不顾,甚至要求他们牺牲自身权益来满足弱者一方的权益。[1]

如果说人们在现实世界中进行道德绑架还碍于情面、有所顾忌的话,网络空间的匿名性则给"绑架者"提供了前所未有的"勇气"和滋长蔓延的温床,他们藏在匿名账号后对爱心"步步紧逼",

---

[1] "道德绑架"的解释见杜振吉,孟凡平.道德绑架现象论析[J].学术研究,2016(03):32-38.

躲在电脑屏幕后对善意"颐指气使",利用网络舆论的力量,借助道德之名随意以自己的道德标准去要求他人,把"被绑架者"置于非此即彼、非善即恶的选择处境中,逼着他们按照自己的意愿去行事,否则就对他们口诛笔伐甚至人身攻击,批判他们是不道德的。如医生、教师、公务员等群体极易被职业道德绑架,"绑架者"们往往以媒体中塑造的崇高形象 ——"理想中的医生就该舍己救人,理想中的教师就该'春蚕到死丝方尽,蜡炬成灰泪始干',理想中的公务员就该多奉献少索取、服务意识排在先"[1]为标准,用"××本来就该如此""TA身为××,就不能做那样的事"等经典句式进行道德绑架。在他们眼里,医护人员既然是"白衣天使",就必须24小时在线,随叫随到,必须服务周到,他们不应该有个性,更不应该感到委屈;教师既然被誉为"园丁""蜡烛""蜜蜂",他们没有24小时为学生服务、没有带病坚持工作、没有筋疲力尽地累死在讲台上,就对不起这些称号。再如,一些名人、明星等公众人物也很容易被道德绑架,"绑架者"们或打着"爱国"的旗号对本属于他们私人领域的个人行为横加指责,或以"大家都在捐钱,为什么××不捐?""起码得捐××""××这么有钱,只捐这一点?"等经典句式对他们进行"网络逼捐",甚至还对捐款数额进行排名,对捐款数额大的赞誉有加,对没有捐款或捐款数额较少的冷嘲热讽。

---

[1] 张灿灿.互联网正在强化职业道德绑架[J].青年记者,2019,(34):95.

二、超越道德理性追问

我们需要积极的道德批判，因为它能起到净化自我与警醒他人和社会的作用。然而，伏尔泰的名言同样发人深省："人人手持心中圣旗，满面红光走向罪恶。"如果将一切问题伦理化、道德化，肆意夸大道德的功能，超越问题本身进行缺乏思考的道德表态或批判，借助网络舆论以道德之名绑架一切，陷入"道德万能论"和"泛道德化批判"的误区，结果可能适得其反。有学者概括了泛道德化批判的消极作用：易滋生悲观失望的情绪和消极厌世的生活态度；削弱社会的凝聚力、瓦解社会稳定的精神基础；在理论上夸大了道德的功能，陷入道德万能论的误区，有可能形成道德暴力，造成道德情绪凌驾于法律理性之上，有违依法治国精神；为西方敌对意识形态"妖魔化"中国提供口舌等。[1] 所以，我们在网络空间中要实现理性交往，就需要从问题出发，超越单纯的道德表态或评判进行理性追问，避免陷入泛道德化批判的误区。

首先，设身处地问自己，我能做到吗？泛道德化批判者或者道德绑架者一般都视自己为"正义的化身""道德救世主"，用理想化的和最高层次的道德标准去评判别人，"习惯于以道德英雄的姿态来教训别人，用尽量高的标准来苛求别人，却用尽量低的

---

[1] 黄明理,吕林.泛道德化批判论析[J].马克思主义研究,2012（12）：91-98+154.

标准来宽容自己"[1],转换成网友的话就是"用圣人的标准衡量别人,用贱人的标准要求自己"。在评价别人的时候,就站在道德制高点摆出一副深恶痛绝的样子,而一轮到自己就把自己排除在道德、规则要求之外,变成一副理所当然的架势;在道德绑架别人的时候,就以道德的名义慷他人之慨,而一轮到自己就"王顾左右而言他"。譬如,别人赚了那么多只捐100万太少了,自己工资少、开支大,所以一分没捐;别人家孩子成绩差是因为笨,自家孩子成绩差是老师没教好;对别人走后门深恶痛绝,自己办事首先就想着找关系;对别人不扶倒地老人义愤填膺,自己不扶就是担心碰瓷被讹诈。在今天,相较于道德精英式的道德批判者,我们更需要身体力行、勇担道德责任者。若我们要求别人像"英雄"一样无私,要求别人时刻保持"圣人"的高尚,那么请在挥舞着道德大棒对别人进行批判之前,先高标准、严要求地衡量一下自己,扪心自问,"我自己能做到吗?"如果你自己都做不到,是否还有资格去评价、谴责别人?请温习韩愈在《原毁》中的名言:"不以众人待其身,而以圣人望于人,吾未见其尊己也。"

互动

　　室友A和B在夜晚逛街回学校的途中,不幸遇到歹徒,室友B被歹徒抓住,室友A跑得比较快,没被抓住,但室友A因为天生胆

---

[1] 黄明理,吕林.泛道德化批判论析[J].马克思主义研究,2012(12):91-98+154.

小只顾自己逃命,没能顾得上室友 B。这件事上了微博热搜,你会点赞 diss 室友 A 的评论吗?

不少人可能都认为室友 A 应该受到道德的谴责和批判。我们在看到这条热搜时,可能会自动站到弱势的一方,用自己强烈的道德感和正义感替室友 B 伸张正义,怒气冲冲地在微博下发表批判言论,对室友 A 进行不同程度的谩骂,甚至通过人肉搜索等方式对其进行惩戒。但是,没有经历过如此险境的人,没有在那样的险境中做过自己认为应该做的事,有没有资格去责难身处险境的 A 必须去做? 这是一个值得我们深思的问题。

其次,三省吾身问自己,我这么做道德吗? 身处一个文明社会里,我们应该遵守基本的道德要求,也要尊重他人的道德行为选择,在不违背道德原则和规范的情况下,"每个人也都有不同的道德责任和按照自己的方式生活的权利,以及根据自己的意志自由选择其道德行为的权利",任何人都无权要求他人让渡自己的利益去满足他人或者社会的利益。道德绑架在看似做"善事"的同时,却"绑架"了被绑架者的道德选择自由权,牺牲了他们的道德权利,用"强迫他人履行'崇高道德'的绑架行为掩盖了'底线道德'的要求",侵犯了被绑架者的自由和权利,破坏了伦理公平,也影响了道德功能的发挥,其本身就是不道德的。[1] 对于仁慈、

---

[1] 杜振吉,孟凡平.道德绑架现象论析[J].学术研究,2016(03):32-38.

慷慨、无私等崇高道德义务,我们可以提倡和呼吁,但指名道姓的"质问""逼捐"就超越界限了。这类道德义务需尊重个体自觉自愿的选择,不应受任何外力胁迫,履行了值得表扬,没有履行也不应被谴责。所以,若我们准备用高层次的道德标准去评判别人时,除了追问自己能否做到外,还需要提醒自己,公开对他人的私德提出要求,以任何形式强迫、要挟他人做超越其道德义务的事情或奉献,都是不道德的。同时,我们也需要厘清边界,不要将一切问题都诉诸道德、硬往道德上靠,不是所有事情都需要上升到道德层面。跳出泛道德化评判的误区,或许会有完全不一样的发现与收获。

再次,超越道德再追问,我进行深刻思考了吗?不针对问题进行深层次的思考与追问,仅仅停留于道德层面的判断,很难说有利于问题的解决。一方面,习惯了道德层面的评价或判断,轻而易举得出的结论很可能会阻碍我们从其他角度进行深层次的追问与分析,"当一个人给一种现象或另一个人贴上不道德的标签后,便没有论证和讲理的耐心了 —— 他是不道德的,他是没良心的,他是坏的,他是傻子,他是贱人 —— 这些都是结论"。这意味着,"道德判断会让人停留在一个很浅的思维层次,滑向了道德层面,也就陷入了不证自明的专断和霸道,封闭了其他可能性"。另一方面,很多问题不一定是道德问题,不是进行道德批判就能解决的,总停留于愤怒的道德批判层面还有可能忽略可解决的真问题,"很多问题的解决之道,都不在于道德,而在于道德之外的技术和制度"，有的问题"落脚于技术和管理，问题是可解决的；而指向空洞的道德，寄望于人的善意，则会推向无解"。所以，不停留于人云亦云的道德批判，并对它们保持警惕的态度和质疑的精神，正视事件的复杂性和问题的情境性，对背后的原因进行深层追问和多元思考，比居高临下的道德批判有意义的多。下面，让我们看看如何进行层次递进的追问。

资料链接

看到高铁霸座男，大家可能都会产生一个判断——这人太无耻太不要脸了——多数人的思考可能就停留在这一道德批判层次，然后在道德层面狠狠骂一顿，比谁骂得狠。如果不停止思考，再进一步，可能会追问，这人怎么没人管啊？然后会把矛头指向铁路部门，为什么不狠狠管这种人呢？会想到管理层面。从道德层面到管理层面，思考就进了一个层次。

追问到管理层面，便会发现，其实铁路部门也无力，因为不是什么事情都可以管，他们的权力是有限的。于是，便会有人呼吁，要立法惩治"座霸"。

接着继续思考，为什么飞机上不敢有这种"座霸"呢？因为航空业有专门的立法来管这类人。这就从管理层面进一步上升到了法律层面，用法律思维去思考。道德层面的批判对不讲道德的人并没有什么用。

（引自曹林：《时评写作十六讲》，北京大学出版社2020年1月，第20页）

第五节　从攥紧拳头到摊开手掌

有学者从希腊哲学家芝诺（Zeno）的经典名言"说服是一只摊开的手掌，而不是一个攥紧的拳头"出发，延伸为"说理是摊开的手掌，不是攥紧的拳头"。[1] 网络交往要走向理性，就需要从"攥紧拳头的吵架"走向"摊开手掌的说理"。

一、攥紧拳头的吵架

有句话在网上传得比较火，"人需要两种能力，好好说话和情绪稳定。"这句话尤其适用于网络空间的理性交往。我们在前面

---

[1]　徐贲．明亮的对话：公共说理十八讲［M］．北京：中信出版社，2014：30—31.

讨论的各种非理性表达行为，很多都是因为情绪不稳定而导致不能"好好说话"。

┌─ 互 动 ─────────────────────────────

　　想一想，上次因为情绪不佳而没有与他人好好说话甚至恶语相向是在什么时候？再想一想，如果那时情绪稳定，你还会那样说吗？

　　"有一个不需要从课本上学习的心理学常识是这样的：情绪越紧张，清晰思维、冷静行动的难度就越大。一个暴怒的人不可能成为理性的模范…… 如果在任何情况下都任由情感做主，那么思维的清晰性将被削弱。"[1] 我们从日常生活中就能体会到，愤怒、憎恨、对抗、忧伤、恐惧、嫉妒、报复等消极情绪，蕴含着强大的非理智力量，会在很大程度上遮蔽我们的理智，是我们冷静思考和理性表达的天敌，会让我们的思维走向"对抗"，并不由自主地攥紧拳头。下面，我们先看一个例子：

　　药家鑫驾车撞人后又将伤者刺了六刀致其死亡，他被判死刑之后，人们对死刑存废问题提出不同的看法。

　　在一篇主张废除死刑的文章下，一位网友留言道："像你这样

[1]　［美］D.Q. 麦克伦尼 . 简单的逻辑学［M］. 赵明燕译 . 杭州：浙江人民出版社，2013：114.

的作家,我只能称你为垃圾,你已经在违背你的道德,真不知道你学的是什么,假如有人杀了你妻子,你还会主张废除死刑么?你的文字再好,相信有很多的读者,已经认清了你。"

另一位网友反驳这则留言道:"某位(读者)看来智力与情感有双重问题,根本不懂得如何辩论,只会情感宣泄式地喊口号,动不动就是'如果他们杀了你的孩子后,你会怎么样'之类的无理假设,这种网络愤青只能显示自己的无知。—— 但愿不死的药家鑫下次撞死的是你这个精神病。"

这两位网友看起来在说同一件事,但其实是在各说各的。第一位网友用骂("垃圾")来发表意见,第二位网友说,"你说得不对",但并没有解释或说明为什么不对。他只是用与第一位网友相同的方式来发表了反对这位网友的意见,骂她是"精神病",诅咒她也被汽车"撞死"。像这样攥紧拳头地发表意见,是谁也说服不了谁的。

这样的言语不是说理,而是争吵、口角、对立、谩骂,目的是占对方上风、得口舌便宜。

(引自徐贲:《明亮的对话:公共说理十八讲》,中信出版社2014年1月第一版,第31-32页)

像这样在消极情绪主导下的非理性表达在网络空间并不鲜见,其背后的思维定式是"对抗""出击""回击"等,不管对方说得对不对,一律都要予以反击,自己说的都是真理,对方说的全是谬论,看不到对方观点的合理之处。与此相应的话语习惯就是

"吵架"，不讲究逻辑，而是最大程度地使用逻辑之外的手段（如语言暴力），使用暴戾、武断、威胁、专横的词语，进行嘲笑、谩骂、挖苦等，攻击对方人格，试图压倒对方甚至压制对方发言，迫使对方哑口无言。"吵架是一种对抗的、拒绝说理的话语。态度越凶，说话越狠，吵架就越成功，但说理也就越失败。吵架的一些'狠招'和'绝招'（如死不认账、反咬一口、我错你也错、谩骂）恰恰是说理话语所摒弃的。吵架比的是谁嗓门高，谁更善于运用语言暴力，谁更能伤害对方。吵架双方的彼此伤害越深，在'理'上取得共识、妥协的可能就越小。"[1] 显然，"对抗"思维定式下的"吵架"话语习惯，与理性交往是背道而驰的。

那么，为什么我们在网络空间的交流中更容易握紧双手、攥紧拳头呢？我们在前面讨论过，网络空间具有去中心化的特征，任何一个网民不受身份、地位、权力的限制，只要接入互联网就可以表达观点。这就使得网络空间成为大多数人最便利、最畅通、最常用的观点表达渠道。众多观点都在这里得以表达，众多情绪都在这里得到了呈现，加之网络空间匿名性之下的网民自我放逐、网民从众心态下的"站队"思维、社群化传播下的群体极化等，使"极端声音更易得到传播，温和理性的声音反而被淹没；极端民粹主义和狭隘民族主义的情绪化声音更易得到传播，建设性的声音反而成为沉默的螺旋；对抗性的声音和对立性的观点得到

[1] 徐贲.明亮的对话：公共说理十八讲［M］.北京：中信出版社，2014：12–17.

最大程度的呈现,沟通性的声音反被弱化;负面的声音集中呈现,正面的声音只是虚弱地存在"[1],而这些聚集且过度放大的极端声音、负面言论、对抗性的观点、情绪化的表达,又很容易刺激网民在对抗、愤怒、亢奋等情绪的裹挟下进一步卷入情绪宣泄和非理性表达中,"这个闹腾的舆论场中,我们的情绪常被卷入各种热点之中,被偏激的氛围干扰,被充满撕咬的戾气感染,被不断反转的新闻所绑架,跟着浮躁热点的节奏一起感动、愤怒、热情、无聊、吐槽、讨伐、消费流行语,很少能够安静下来去思考"[2]。

网络空间中"攥紧拳头"式的交流,加之网友们带着看热闹不嫌事大的亢奋围观起哄、火上浇油、哄抬情绪,使得很多交流无法正常进行下去、很多讨论很快进入"不可讨论"的互怼阶段,"心平气和的讨论,变为唾沫横飞的辱骂;同一话题的分歧,成了互揭隐私的竞赛;网络争吵的激化,导致赤膊上阵的'约架',至于动辄质疑别人为'五毛''美分',或者相互送上'卖国贼''爱国贼'的帽子,也是时有耳闻"[3]。显然,这样"攥紧拳头"的"对抗"思维和"吵架"话语,很难形成理性有序的网络交往和天朗气清的网络空间。

放下紧攥的拳头,放弃"对抗"的思维定式,摆脱"吵架"的话

---

[1] 曹林.别在被放大的网络舆情中误读中国[N].中国青年报,2013-05-03(002).

[2] 曹林.做一个让人安静的平静讲理者[N].中国青年报,2016-02-19(009).

[3] 范正伟.公共辩论,求真比求胜更重要[N].人民日报,2014-07-28(005).

语习惯,以和而不同的理念、认可差异的心态"摊开手掌",以说理的方式平等相待,是我们的网络交往走向理性、网络空间变得清朗的关键所在。当然,可能有青少年朋友会问,我摊开了手掌可别人还紧攥着拳头,怎么办? 在此,引用一句话作为回答,"有许多人,虽然他们愿意和你争吵,但却不愿意或者没能力和你进行论证。不要浪费时间、精力和这种人进行争论。"[1]

二、摊开手掌的说理

 你知道吗?

"法律法规底线、社会主义制度底线、国家利益底线、公民合法权益底线、社会公共秩序底线、道德风尚底线、信息真实性底线"。这"七条底线",表达了一种"权利责任对等"的要求,也体现了一种回归常识、回归责任的努力。

今天的互联网,不缺"愤青",社会转型期种种复杂问题,有的是"吐槽"的题材;缺的是建设性批评和参与性人格,缺的是推己及人的公共理性。只有守住言论底线,才有言论空间的真正自由,才有理性平和的公共讨论和交流,才有在百家争鸣中缔结意见共同体的可能,才不会用舆情撕裂民情,以舆论冲突加剧现实冲突。这一点,对于中国人精神世界的

[1] ［美］D.Q.麦克伦尼.简单的逻辑学［M］.赵明燕译.杭州:浙江人民出版社,2013：117.

构建,对于中国社会的转型升级,都具有深远意义。

（选自人民日报评论部：《珍惜网络"意见共同体"》,载于《人民日报》2013 年 8 月 13 日第 5 版）

摊开手掌说理,首先要松开攥紧的拳头、摊开手掌。"理性话语的价值观是与他人平等、尊重、以说理相待的关系,并在这个基础上不羞辱他人、不欺骗他人、不歧视他人、不伤害他人、不使用任何暴力（包括语言暴力）对待他人"[1]。说理不是相互对立的争辩,不是针尖对麦芒的争吵,更不是以压倒对方甚至压制对方发表观点为目的,而是要从一言不合就开骂、一触即跳就发飙的"对抗"思维中走出来,需要敬畏他人的权利和遵守网络空间的公共秩序,树立尊重他人也就是尊重自己的公共意识,欢迎他人加入对话,杜绝语言暴力,以平等的姿态去交流。

摊开手掌说理,落脚点在说理。说理虽然也是一种观点表达,但并非所有的观点表达都是说理。在网络空间中,无论是娓娓道来的长篇大论,还是短小精悍的三言两语,抑或是一句话、一个词、一个表情的网络跟帖,还是一个点赞、一个转发的态度表达,甚至是直接的情绪宣泄、攻击谩骂,都属于发表意见的方式,都是一种观点和态度的表达。毫无疑问,它们并非都属于"说理"的范畴。应该说,每个人说理的目的,一般都是说服他人。为了

达到这一目的,说理在过程上需要"与他人'一起讨论','共同'辨明事理,虽有不同看法,但能相互了解,这样才有可能与他人形成共识或者作进一步讨论";在方法上需要给出充分的理由来支持自己的观点,"说理的发表意见需要有两个条件因素,必须包括两个部分,一个是'结论'（也称主张或看法),另一个是'理由',结论是由理由来支持的",还需要展现"理由"支持"结论"的论理或推演过程;在语言上需要"谦和有礼,仔细定义自己所使用的主要概念,不用侮辱性字眼,不带吵架的腔调,尽量少用带有预设情绪的词汇"[1]。我们在本章第三节讨论的要从"兼听"获得的信息和观点出发,以事实为基础,强调论证过程,注重论据支撑,进行有理有据的表达,就是说理的一些具体操作要领。当然,并不是说"说理"就一定能达到说服别人接受自己观点的目的,但保持开放而包容的说理心态,在沟通交流的过程中保持说理的形式和话语,能促使公共话题进入可讨论的状态,也能推动网络交往进入有序交流的状态。

事实上,说理强调以理性的思维去思考,以理性的方式去交流,其背后都是强调理性应当成为我们的价值坚守,我们不能辜负自己的理性。那么,如何才能坚守理性、不辜负我们的理性呢?除了前面讨论的要从即时表达到延时判断、从过度娱乐到筑牢底线、从信口开河到言之凿凿、从泛道德化到理性追问外,再向各位

[1] 徐贲.明亮的对话:公共说理十八讲[M].北京:中信出版社,2014：6、33-34、40.

青少年朋友分享以下建议。

　　我们怎样,这个时代便怎样,不辜负自己的理性,也就不会辜负这个时代了。

　　不辜负我们的理性,就是对流行的数字保持警惕。很多数据,非常符合我们某种情绪,符合对中国社会问题的批判认知,中国每年有 20 万儿童失踪,中国每分钟有多少人诊断出癌症、死于癌症,中国的三公消费是一个多么庞大惊人的数据,中国每年有多少贪官外逃 …… 这些数字让我们轻易愤慨,可我们有没有去追问,这些数据客观吗? 有权威来源吗? 其实很多都是被证伪的假新闻,或者只是专家不靠谱的估计而已。

　　不辜负我们的理性,就是对现成的答案保持审慎。很多判断已形成了套路,甚至是条件反射了,发生了什么事,手边立刻有一个现成的答案等着你去用。复旦大学投毒案发生后,立刻反思中国的教育体制有问题;有病人与医生发生冲突,立刻批评中国的医疗体制问题。动辄将问题指向体制,非常讨巧,可我们有没有想过,这些现成的答案是多么地浅薄,它只是迎合懒人的思维。它省去了论证的环节,也省去了浮躁者的思考时间,却谬以千里。

　　不辜负我们的理性,就是对别人预设的情绪保持距离。看到那些让你暴跳如雷愤怒异常的信息,一定不能停止思考而被引诱着作出情绪化的判断,比如像"护士 ICU 病房扇女童耳光"之类的信息,很容易激起我们对医院和护士的仇恨,暴跳如雷时一定不要立刻转发和评论。距离产生美,距离更产生理性,要与这些企图想激怒你的信息保持一种距离。

保持距离的方法有三种:一,不立刻判断,冷静思考半小时,想法可能就不一样了;二,多问一句"为什么",护士为什么要打孩子耳光呢,动机是什么?多问一句为什么,就会多些理性。不要以愤怒去面对那些让你觉得荒诞的信息,要尝试去看到荒诞背后被屏蔽的复杂是非;三,从受害者的想象中抽身出来,让自己成为一个客观中立的旁观者。

不辜负我们的理性,就是对我们的惰性保持警惕,我们想要偷懒的,正是别人想灌输的;对我们的想象保持警惕,我们经常容易将自己的想象当成现实;对我们的期待保持警惕,我们的期待常常是别人想利用的弱点;对我们内心中的猎奇保持警惕,我们常常沉浸于对猎奇的消费中而丢掉脑子。我们还要对我们习惯性的不由分说、不假思索、不分青红皂白保持警惕,这些"不",都是毁掉我们理性、让我们停止思考的魔鬼。

(选自曹林:《请不要辜负自己尊贵的理性》,载于《中国青年报》2013年7月9日第2版)

可能有青少年朋友会疑惑,在如此喧嚣嘈杂的网络空间中怎么可能独善其身。我们想说的是,网络空间的未知远远大于已知,虽理性、道德、规则在这个空间的树立并非一日之功所能成,却是大势所趋。当下,更需要我们青少年朋友不辜负自己的理

愿你出走半生,归来仍是少年

性,以"出淤泥而不染"的心境,立志、激发、督促自己成为网络空间的"理性网民",以理性为价值坚守,摊开手掌来说理,在网络交往中不断闪耀出自己的理性光泽,为营造天朗气清的网络空间贡献自己的力量。

愿你在网络空间出走半生,归来仍是那个理性的少年!

参考文献

1. ［法］古斯塔夫·勒庞．乌合之众：大众心理研究［M］．冯克利译．北京：中央编译出版社，2005.

2. ［美］D.Q.麦克伦尼．简单的逻辑学［M］，赵明燕译．杭州：浙江人民出版社，2013.

3. ［美］尼尔·波兹曼．娱乐至死［M］．章艳译，桂林：广西师范大学出版社，2004.

4. ［美］尼尔·凯斯·R．桑斯坦．极端的人群：群体行为的心理学［M］．尹弘毅、郭彬彬译．北京：新华出版社，2010.

5. ［日］西村克己．逻辑思考力［M］，邢舒睿译．北京：北京联合出版公司，2016.

6. 曹林．时评写作十六讲［M］．北京：北京大学出版社，2020.

7. 郭庆光．传播学教程（第二版）［M］．北京：中国人民大学出版社，2015.

8. 李彬．传播学引论（增补版）［M］．北京：新华出版社，2003.

9. 徐贲．明亮的对话：公共说理十八讲［M］，北京：中信出版社，2014.

10. 陈纯柱.网络语言的生成、价值和特征研究[J].重庆邮电大学学报(社会科学版),2011,23（03）：26—32.

11. 杜振吉,孟凡平.道德绑架现象论析[J]. 学术研究,2016（03）：32—38.

12. 范敏,周建新.信息畸变与权力博弈:重大疫情下网络谣言的生成与传播机制[J].新闻与传播评论,2020,73（04）：64—72.

13. 胡范铸,徐锦江,刘宏森,陆新和.流言？谣言？谎言？——从莎草纸到互联网,语言如何改变我们[J].青年学报,2020（02）：80—88

14. 黄明理,吕林.泛道德化批判论析[J].马克思主义研究,2012（12）：91–98+154.

15. 刘琼,黄世威.微信谣言的文本特征与说服方式 —— 基于"微信辟谣助手"中谣言样本的内容分析[J].华中传播研究,2018（02）：167—181.

16. 沈威,聂卓,廖莉莉.网络谣言标题的特征研究 —— 以健康养生类网络谣言标题为例[J].四川文理学院学报,2020,30（04）：61—69.

17. 魏泉.网络时代的"谣言体"—— 以微信朋友圈为例[J].民俗研究,2016（03）：92—100.

18. 张志安,束开荣,何凌南.微信谣言的主题与特征[J].新闻与写作,2016（01）：60—64.

后　记

有互联网的地方就有江湖。

置身互联网江湖,我们和青少年朋友一起聊了"江湖话",揭开了网络语言"一呼百应"的神秘面纱;一起谈了"江湖事",网络污名化、网络欺凌、网络骂战、网络谣言把原本安静的江湖搞得乌烟瘴气;一起破解了语言失范、理性缺失、攻击谩骂的"招数套路",探讨了背后的原因所在,以免卷入其中或遇袭时能"见招拆招";一起讨论了"江湖规矩",需要遵守互联网的集体生活规则和公共生活秩序,尝试送上了在互联网江湖如鱼得水、走向理性交往的必备锦囊。

这本书面向青少年朋友而编写,语言要通俗易懂,内容要有趣有料,既要读得下去,又要分析得透彻,对我们来说是个不小的挑战。为更好地了解读者需求,我们请怀化市铁路第一中学周艺婷、汨罗市第一中学李小雨、怀化市宏宇小学姚斯元等同学进行了试阅读,并根据他们的建议增加了部分案例和互动环节。在此,感谢他们,也非常感谢案例和相关材料的原作者,是他们让这本书的内容更充盈、视角更全面,读起来更有味。

　　实事求是地说，我们在编写的过程中也没有一味地进行通俗化、案例化"稀释"。我们想，对正在接受新知识的青少年朋友而言，给他们的读物也不应一味迎合他们现有的口味，而应略高于现有的水平，带着他们去接触、去消化那些原先未曾接触的知识。尽管在编写的过程中时刻提醒自己：读者是青少年朋友，要谨慎谨慎再谨慎些，但因水平和精力有限，难免会存在不少疏漏和错误，敬请批评、谅解！

　　本书获得怀化学院校级自编教材立项资助，同时为湖南省高校思想政治工作质量提升工程资助项目（项目编号：20C18）的成果。湘潭大学研究生刘慧、湖南理工学院研究生顾孜孜参与了案例收集、资料整理等工作。

　　"我们都有家，都愿家整洁。入目皆芷荷，扑鼻是芝兰。听曲有韩娥，访谈益友三。虽隔千里外，网络一线牵。"这是不少网友对互联网的希冀。各位青少年朋友，让我们一起努力，把网络空间建设成我们天朗气清的美好家园。

　　愿各位青少年朋友：前程无忧，未来可期！

　　愿各位青少年朋友：历经千帆，理性依旧！

　　咱们，互联网江湖再见！

姚劲松　李维

2021 年 2 月

图书在版编目（CIP）数据

网络语言与交往理性 / 姚劲松，李维著 . — 宁波：
宁波出版社，2021.5
（青少年网络素养读本 . 第 2 辑）
ISBN 978-7-5526-4106-6

Ⅰ . ①网 … Ⅱ . ①姚 … ②李 … Ⅲ . ①计算机网络—
素质教育—青少年读物 Ⅳ . ① TP393-49

中国版本图书馆 CIP 数据核字（2020）第 216255 号

丛书策划　袁志坚　　　　　　责任印制　陈　钰
责任编辑　晏　洋　　　　　　封面设计　连鸿宾
责任校对　余怡荻　　　　　　封面绘画　陈　燏

青少年网络素养读本 · 第 2 辑
网络语言与交往理性

姚劲松　李维　著

出版发行　**宁波出版社**
　地　　址　宁波市甬江大道 1 号宁波书城 8 号楼 6 楼　315040
　电　　话　0574-87279895
　网　　址　http://www.nbcbs.com
印　　刷　宁波白云印刷有限公司
开　　本　880 毫米 ×1230 毫米　1/32
印　　张　8.375　插页　2
字　　数　200 千
版　　次　2021 年 5 月第 1 版
印　　次　2021 年 5 月第 1 次印刷
标准书号　ISBN 978-7-5526-4106-6
定　　价　30.00 元

如发现缺页或倒装，影响阅读，请与出版社联系调换　电话：0574-87248279